腦科學的心理調節法

情感與理性相融合，用腦科學角度理解職場情緒

薛琦 著

得懂的腦科學，幫你成為職場裡最睿智的人

得上的職場心理學，助你成為職場裡最成功的人

科學、心理學、哲學，最治癒聲線心靈導師薛琦的職場自助法！

目錄

Part3
知己知彼，拿起人性放大鏡

Part4
高情商是成長晉升的法寶

Part5
認知世界的方式，比才華更重要

前言

這幾年一直在腦科學、心理學和媒體傳播三個專業領域跨界傳播，傳播知識也學習知識，這過程中時常有豁然開朗的收穫，這樣的好感更堅定了我跨領域傳播的決心。

成為諮商心理師，就像開啟心理學的一扇窗，也沒想到，拿到證照這件事會成為《心情咖啡館》最初的企劃起緣。《心情咖啡館》一開播就接連不斷收到私訊留言，幾年前用 10.5 號的字型大小整理，就已經得排版到 94 頁半之譜，如今用「不計其數」形容也是貼切了。

人得保持自省謙虛，也必須懂得適時地自我鼓勵，《心情咖啡館》從最初一週播一集，到每週末播兩集，再到週一到五每晚播出，近幾年來收聽率一向名列前茅，官網之外的平臺播放次數早已超過千萬。大家說「你的聲音好好聽好溫暖！」、「好棒！競爭這麼激烈的時段還能保持高收聽率！」，在這裡感謝所有聽眾的真愛。為了維持節目品質，最初每集節目都會用大半天時間，準備洋洋灑灑 6、7 頁紙的專業講稿，以至於後來做節目做企劃也習慣了糧草先行，所以若說《心情咖啡館》好聽，真的不是偶然。

寫這本書的一大動力來源就是《心情咖啡館》。

「不計其數的留言」是無數人藏著自己的故事，無處表達，無從宣洩，沒有理解和關懷，只在夜裡獨自神傷，更讓我震驚的是這個現象的普遍性，就像天黑後亮起的萬家燈火一樣密密匝匝，時常冷不防地牽扯我的腦神經，讓我一想起，就下意識咬緊牙關，深呼一口氣，於是《心情咖啡館》的開館，也在我心裡埋下了種子：「在媒體主持人這個職業身分之

外，我想再做些什麼！」。

　　這些年，除了主持節目和活動、受邀講課、開講座，我也企劃專案，打造了公益演講新媒體專案，很高興因此收穫了獎項和口碑，也更感覺到讓先進的科學知識更貼近一般民眾，在日常生活中展現更大的實用價值這件事上，需要更多支持的聲音和力量。

　　這些年，心理學和腦科學被越來越多人知曉，但大眾對心理學的認識更多還停留在臨床應用，比如諮商心理，或是具體的某一種諮商療法，而這其實都只是心理學的一小部分，心理學的研究涉及認知、情緒、思維、知覺、人格、行為、人際關係、社會關係等許多領域。同樣，大眾對腦科學也一知半解，腦科學，簡單地說就是研究腦的結構和功能的科學，研究腦的認知、意識與智慧的本質與規律，它和心理學有一些相同的研究部分，像認知、情緒、行為等一些問題，就可以透過功能性核磁共振造影、生物感測等方式研究大腦的某個運作狀態得到解答。比如，壓力會影響「腦神經生成」、積極情緒可以提高效率，內分泌會影響同理心、信任感等等，男女不同的大腦運作會導致不同的情緒行為表達等等。

　　高興的是，在傳播腦神經知識的過程中，時而能聽到驚嘆聲「原來如此，這些事情都是有生理基礎的啊！」。是的，物質基礎決定上層建築，我們的認知狀態、人際關係、存在感、幸福感都是被情緒感受和言行舉止影響和決定的，而所有的情緒感受和言行舉止，就取決於我們大腦精密運作的這個物質基礎。精神感受是無形的，但透過腦科學，它可以有量化展現。

　　本書針對的是職場主題，因為大部分的留言提及的困惑都源於職場，這些案例經過處理後都放在了書裡。確實，作為成年人，我們每個人都離不開職場，朱德庸先生說：「你可以不上學，你可以不上網，你可以不上

當，你就是不能不上班。」對於大部分人來說，每天除了休息和進食，幾乎都在做與工作有關的事，換言之，我們在職場和同事相處的時間甚至遠多於我們和家人、愛人或朋友相處的時間。

人都說，職場是江湖，有風浪、有風險，要想在江湖中找到傍身之地，就必須不斷尋找、不斷奮鬥，在尋找和奮鬥的過程中，各種職場問題迎面而來。發現歸根究柢，職場問題的根源都是心理問題，問題就出在自我認知、情緒控制等等，而清楚的自我認知、良好的情緒控制和分辨能力、較高的情商等這些都是縱橫職場的重要武器。

這本書，是我整合了熟知的腦科學知識、心理學知識，以及這些年《心情咖啡館》節目中分享及開導過的無數案例的綜合呈現，希望能為我們的職場奮鬥提供一些「滋養」，希望腦科學和心理學能幫助我們完成對自己、對他人、對生活的解惑，希望我們都能從藏著無窮密碼的大腦中獲取智慧、開發潛能，希望我們都能在江湖中遊刃有餘、成就自我。

最後要謝謝給予支持的各位，謝謝腦科學專家沈政老師、楊志師兄、林思恩師姐，他們在我學習腦科學、企劃相關專案中給予了莫大的啟發和支持；謝謝我所有的心理學老師，他們都是相關權威專家，他們的傳授和分享讓我充滿自信和動力；謝謝所有志同道合的好友和同行夥伴；謝謝我的主管和公司給予我足夠的創作空間，謝謝這些年支持《心情咖啡館》的所有聽眾，尤其是要謝謝我的家人愛人，是他們啟發了我的創意，是他們陪伴並支持我度過了沒日沒夜的創作過程。

Part1

一個很重要的問題 ——「我是誰？」

在職場中，許多人精心準備，卻過得不順；許多人滿腹才華，卻無人問津，原因在於沒有認清自己。老子說：「知人者智，自知者明。」古希臘先哲也早就有「了解你自己」的啟示。由此可見，清晰的自我認知，是找回職場中迷失的自己的第一步。

1.1
自我認知，才是真正的開始

在希臘阿波羅神廟入口處的上方，用古希臘語刻著這樣幾個字：認識你自己。

在古希臘，大部分到神廟的人，幾乎都帶著期待被命運啟示的渴望，希望能夠看清自己的終極命運。這幾個刻在顯眼之處、人們目之所及的字，其實也是在告訴我們：即便你得到了再大的啟示，倘若沒有真正「認識自己」，也無濟於事。

幾千年來，無論是西方的哲人蘇格拉底（Socrates）或是東方的哲人老子，都思考並表達著近似的意思「自知者明」，在我們探索命運之前，是否也問過自己這個最基本的哲學問題：我究竟是誰？

說到這，先和大家分享一個我很喜歡的小故事。

一隻流浪的老鼠在機緣巧合下來到了一座廟宇，並在廟頂上安營紮寨，生活了下來。老鼠並不知道什麼是廟，更不理解廟的意義，但這並不妨礙牠在廟頂上愉快生活。每天，老鼠在廟宇隨意穿梭，享用著豐盛的供品，甚至，牠還擁有一些神祕的特權，比如，可以聽到很多人的祕密，可以接受跪拜等等。時間一長，老鼠習慣了，以為一切都順理成章，理所當然。

後來，一隻飢腸轆轆的野貓跑進廟宇抓住了老鼠，準備飽餐一頓。

老鼠非但沒有害怕，反而高傲的對貓說：「你不能吃我！你應該向我跪拜！人們都是這樣做的！」貓一臉譏諷：「人們向你跪拜，只是因為你占的位置，不是因為你！」然後迫不及待的把老鼠吞進了肚子。

老鼠在一個不屬於自己的環境得到了不屬於自己的禮遇，這種情況下，牠沒有擺正自己的位置，還將假象當了真，這故事也告訴我們：無論身在何處，居於何位，都要認清自己。

資深 HR 文子在收到的求職履歷中常看到類似這樣的描述「熟悉多種影片圖像編輯軟體，Vegas、Premiere、Photoshop 等，有 5 年以上的編輯經驗，作品多次獲獎，我相信我的這一能力已經超越了大部分競爭者的平均水準。」

其實，文子在最初做面試官那幾年經常會有抓狂感。因為許多所謂的5 年經驗，其實是 5 年前開始入門學習或開始接觸，純粹是「懂得操作」；至於獲獎，有的是在校期間在本學院的創作比賽中拿了獎，有的是在前公司的「Team Building」中活動競賽勝出了，甚至有人這麼介紹「我們社區在春節期間舉辦的一次比賽，我獲得了首獎，拿到 1,000 元獎金呢」。

統計發現超過 7 成的應徵者都表示自己在某一項能力上的表現優於平均水準，可這是違反常態分布規律的，即便是用最基本的數學常識想想也知道，7 成的優秀比例這怎麼可能是常態？不過是應徵者們為了獲得 Offer 不惜誇大，又或是他們真心認為自己就是優秀的、最棒的。

看看以下這兩段職場經歷，透過對比或許你能得到一些啟示：

情形一：M 是某網路公司的營運主管，入職後一直表現優異，短短幾年就因為業績突出成為了主管，後來，當原公司的成長速度無法再跟上他的成長速度時，他果斷選擇了辭職，並被另一家更大型的網路公司用 3 倍薪資聘用了。

情形二：B 和 M 是研究生同學，在某網路平臺上做新媒體營運，同樣位至主管，當他得知了 M 的經歷和狀況便效仿 M 跳槽；可當 B 前往聘用 M 的大型網路公司面試時，卻被評價專業能力不扎實，缺乏清晰的自我認知，結果被淘汰。

在 B 看來，同等學歷，同樣的職務，職場發展就應該是類似的，但其實，不同的公司有不同的規模制度、企業文化，這就決定了職位之間即便稱呼一樣，實質也不同；尤其是，個人能力所決定的職能，才是個人發展、影響企業選人用人的決定性因素，也就是企業需要評估職場人是否具備達成工作目標的專業能力，是否具備特定職務所需的能力，是否具備為企業延伸市場占有率的創新能力，是否能為客戶創造利益，以及是否能幫助企業塑造企業文化。

B 正是因為缺乏這些認識，缺乏對自己、對公司、對行業從點到面的了解，才會認為自己應該擁有和 M 一樣的境遇。

而 M 呢？在過去的工作經歷中深獲好評，並且不斷自我增值，自我認知更加清晰，對自己有合理的職涯規劃，所以他也就得到了更好的發展。

從這兩個正反案例中可以看出，在職場中，凡是那些能夠有一定成績，成長迅速的人，無一例外都能夠清晰地認識自己，並對自己做出合理的規劃和準確的定位。

其實，在職場，因為陷於某些自我認知錯覺而不可自拔的人有很多，這些認知錯覺包括：認知中的自己比實際的自己要優秀、認為自己比一般人更優秀等等。

據說，幾乎有95%的人都對自己擁有自我認識的意願和能力深信不疑，可實際上，真正擁有這個能力的人不超過約15%。我曾做過一項關於「自我認知」的調查，在參與這項調查的 382 名聽眾中，有超過 85% 的人都認為自己至少在一個方面比一般人更有能力，認為自己比一般人更有魅力，或是反應更快、更值得信任、更善良、更有親和力、更特別等等。可以說絕大多數人在生活和工作中都有認為自己至少在某個方面優於常人的感覺。

以統計學中最常見的常態分布為例，智商、壽命、身高、考試成績等

等都符合常態分布。例如約 68% 的人智商都處於 90-110，剩餘的 16% 的人智商低於 90，再餘下的便是智商高於 110 的那 16% 的人。現代統計學顯示，只有 16% 的人智商比大多數人要高。那麼，生活中，85% 的人認為自己比一般人優秀，85% 和 16%，這兩個數字顯然相差太遠。

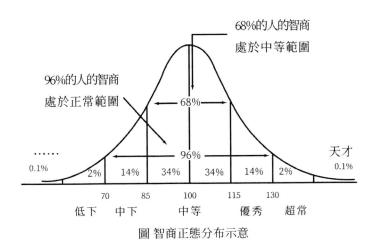

圖 智商正態分布示意

再以外貌為例，攝影師史考特・查塞羅（Scott Chasserot）曾進行過一項名為「原始印象」的實驗（Original/Ideal Photo Project），實驗融合了腦科學、心理學和攝影藝術。

實驗要求志願者不化妝、不加修飾，只整理頭髮，展示最自然的形象，接著從不同角度為他們拍攝數十幀照片，全面捕捉臉型、眼睛的大小和顏色、嘴唇的輪廓以及其他生理特徵。

而在志願者看到照片中不同角度的自己時，利用大腦測量裝置，透過大腦掃描技術，偵測了解他們想要的版本或特徵，同時記錄反應，對圖像進行調整，這些調整就包括了臉部的對稱性、眼距、鼻形、額頭、頸部等等細節，透過調整最後形成志願者腦海中自己的理想外貌。

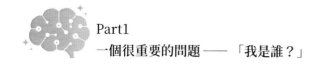
　　對比發現，「被拍攝的自己」和「腦海中的自己」甚至可以有戲劇性的差異。

　　其實，「我眼中的自己」和「別人眼中的我」的區別是普遍存在的，儘管不同的社會文化下美的標準不盡相同，但是人普遍認為自己比別人眼中的自己要好看，也就是說，你真的沒有你想像中那麼好看。

　　為了更直觀的感受「我眼中的自己」和「別人眼中的我」之間的差異，我們不妨再看下面一組照片，左圖是志願者被記錄的真實照片，右圖是志願者「理想中的自己」。

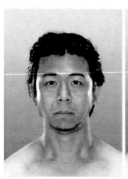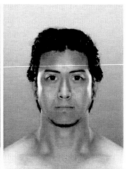

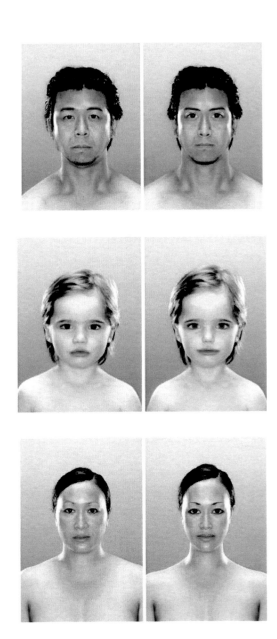

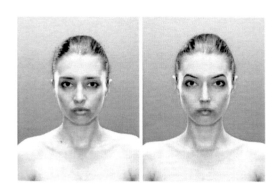

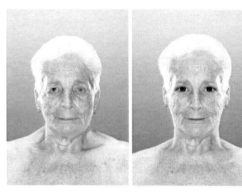

圖 「別人眼中的我」和「自己眼中的我」

那麼，自我認知究竟是怎麼產生的呢？我們又該如何去認識自我呢？或許，腦科學可以給你答案。

腦科學解讀：如何認識自我？

《老子》中提到「知人者智，自知者明」，這句話在經歷了時間的磨礪後演變成了「人貴有自知之明」，成為了家喻戶曉的一句俗語，這一個「貴」字，不僅展現了中文的古韻，更是道出了自知的可貴和不易。

1960 年代末、1970 年代初的西方形成過一種對人的基本看法，認為人既不是單純的「經濟人」，也不是完全的「社會人」，更不是純粹

的「自動人」，而應當是因時、因地、因各種情況採取不同反應的「複雜人」。

這也告訴了我們，人是多麼複雜的一個獨立綜合體。

既然我們都是如此複雜的人，又該如何認識自己？或許，美國社會心理學周瑟夫‧路夫特（Joseph Luft）和哈利‧英格漢（Harry Ingham）提出的「周哈里窗」（Johari Window）可以幫助我們。

「周哈里窗」模式根據大眾對個體的了解和不了解、個體對自己的了解和不了解，將個體對自我的認知分為了四個部分，分別是開放我、盲目我、隱藏我、未知我。下面，我們就一起來了解以下這幾種不同的「我」。

圖 周哈里窗模式

第一、開放我

這個「我」也叫開放我，是一個自己清楚、別人也知道的「我」，這個部分的「我」涵蓋的是可公開的基本資訊，包括身高、性別、籍貫、

學歷、愛好等。比如，我們的咖啡館小微是一名編輯，中長髮、皮膚白皙、身形偏瘦、經濟系學士畢業、愛好旅遊和品嚐咖啡、南方女孩。

這個「我」所表達展現出來的資訊量，由個體的個性外顯和開放程度、人際交往的廣度、他人的關注度決定。比如，咖啡館小微活潑開朗，願意分享，也憋不住話，跟她相處讓人覺得陽光舒適，相比較，阿志就內斂些，他喜歡思考和獨處，話不很多，做事踏實，給人一種「默默無聞」的感覺。兩者相比較，他的「開放我」的部分就相對要小。

第二、盲目我

這是一個別人看得到、別人了解，可自己不了解的自己，即「當局者迷，旁觀者清」的狀態。這部分可以是自己所遺忘說過的話或做過的事，可以是自己下意識表露的言行習慣，比如一個小動作或細微的表情。

某天在公司午餐，旁邊的同事問你：「你剛剛在想事情吧？一臉嚴肅皺著眉頭，臉好臭，是有什麼傷腦筋的事嗎？」

你一臉驚詫：「我很嚴肅？我皺了眉，臉很臭嗎？啊？不會吧！沒什麼，可能家人生病了，我有點擔心吧！」

再比如，老李常常表達：「我月入都 20 多萬了，生活無憂，所以身外物我一點不在乎，高興就好，對朋友，我更是慷慨有情義……」

可好友阿牛提起老李卻說：「那次找我聊天處理事情，處理完了說請我吃飯，結果叫了外送，外送就外送吧，可明明三個人，他卻叫了兩份半的食物……」無獨有偶，好友阿蘭也說：「好幾次了，聚會要買單了就嚷嚷著說『我來我來，這回該輪到我了』，卻回回都掏不出錢包，要麼就買單時不見人了，回頭埋怨說：『我去趟洗手間你們怎麼把單給結了，太不給我面子了』」。

從老李的表達中可以看出，他希望朋友們對他的評價是「成功、有為，並且為人慷慨大方」，可朋友們的實際感受卻是他不僅不慷慨，甚至有些吝嗇虛偽。很明顯，老李對自己的認知和朋友們對他的感受是不一樣的，就像「原始印象」中，別人眼中的自己和自己眼中的自己存在差異，自己眼中的自己，眼睛更明亮，鼻子更挺，模樣更精緻，這就是「盲目我」在發揮作用！

這些別人能看到、別人了解、自己卻不甚了解的資訊，可能是優點，也可能是缺點，和自我覺察、自我反省能力有關，有很強的自我認知能力，能時常自我覺察的人，通常盲目我的部分就會比較小，反之，自我認知不足的人，缺乏自我覺察和自省能力的人，盲目我的部分就會更大。

尤其需要提醒的是，「盲目我」的存在，常常會成為矛盾出現的根源。

你覺得自己長相好、能力強，別人可能覺得你自大矯情；你覺得自己灑脫、自在、不拘小節，別人可能覺得你大刺刺、粗心大意；你覺得自己八面玲瓏、面面俱到，別人可能覺得你世故圓滑、兩面三刀。過分高估自己，常出現在能力不足的人身上，容易給自己造成「勝券在握」的錯覺，一旦遇事不順，挫敗感就更加強烈。

當然，也有相反的情況。比如，你覺得自己拖延、躊躇、效率低，別人可能覺得你謹慎穩妥；你覺得自己口不擇言、情商低，別人可能覺得你快人快語、爽快、乾脆，你覺得自己不會說話、不懂討好，別人可能覺得你守本分、踏實、值得信任。

換言之，一些原本能力不錯的人也會出現妄自菲薄的情況，而這種自我評價偏低的人，在傳統東方文化氛圍濃厚的職場上，常常更容易獲得關注和重視。

所謂的「盲目我」，也就是自己對自己認知的盲點。這一部分，自己是渾然不覺的，當別人告訴我們時，我們可能會或驚訝、或懷疑、或辯解，而這個時候，恰恰是進行自我覺察的良機，能幫助我們更好地認識自己。

第三、隱藏我

「隱祕」是這個「我」的關鍵詞，這個隱藏我和盲目我剛好相反，是自己知道，但別人不知道的部分，包括兩層意思，一是一些還沒能向外界展示的特性或狀態，比如外界還不曾發覺的你的一些優點；二是涉及隱私、或是不想也不能讓人知道的事，包括生心理的病痛、創傷經歷、個人背景、動機、欲望、難過、喜悅、缺點、優點等等。

人會不知不覺地和他人保持一定的距離，這是因為，我們每個人都需要自我空間，每個人都會有祕密，這是正常的心理狀態和需求。

比如，小黃從小就被教導：「男兒有淚不輕彈，男子漢大丈夫，再苦再難也要咬牙苦撐，不能隨意表露難過悲傷」，於是，在他成年後，就習慣壓抑負面感受和情緒，為人好強要面子。雖然大家都說他有男子氣概，但他的太太知道，他也有難過和痛苦的時候，甚至，太太還要常常面對小黃的情緒失控。其實小黃也想灑脫地表達自己，可他一直以來形成的習慣就是壓抑，那些被壓抑的特性、被壓抑的他，就成為了「隱藏我」。

自卑自閉的人「隱藏我」的部分會更大，一些能力強、擅隱忍的人，「隱藏我」也可以很大，但不論哪一類人，隱藏我的部分越大，開放我的部分就會越小；開放我的部分越小，就越容易給外界留下難接近、不好相處的印象，也就越容易導致外界對我們的不了解甚至是誤解，進而影響人際交往。

第四、未知我

這個「我」又叫潛能我，這個部分的「我」自己不了解不清楚，別人也不了解不清楚，是一個有待開發挖掘的「我」，通常指的是一些潛能、特性，是在特定環境時機裡展示出來的能力，或是在學習訓練後展現出來的特長等等。

這個部分就像佛洛伊德的那幅形容意識和潛意識的冰山圖一樣，未被發掘的部分相當巨大。

形容意識

潛意識

圖　形容意識和潛意識的冰山

比如，小優從小文靜內向，也不善言辭，令人吃驚的是，這個平時不怎麼說話的女孩子，考大學時成了藝術科系的優等生，報考的還是傳播主持組別。小優回憶起來，是國中時有一次班上進行小組講課競賽，她硬著頭皮站上講臺……那一回，她第一次體會到在公開場合大聲表達自己的滿足感，加上後來老師家長的引導和鼓勵，她才挖掘出了自己在語言、表達上的喜愛和天賦。

類似這樣的天賦和潛力，就隱藏在「未知我」之中，隨著它們的開發，才能逐漸成為「開放我」的一部分。也意味著，我們要不斷嘗試和

探索，甚至可以在不同的領域學習摸索、挖掘潛力，透過不斷鼓勵自己、發展自己，更全面地了解自己、超越自己。

歸根究柢，現階段的每一個「我」，都是由過去所有的生命體驗的總和造就而成的，要想清晰地認識自己，就必須明確認識關於自我的概念，有面對自己一切的勇氣。

要想全面認識自己，不僅要清晰「開放我」，思考如何面對「隱藏我」，還要盡可能地了解「盲目我」，更要努力挖掘「未知我」。當然，要做到這一點，就要求首先必須擁有一份讓自己變得更勇敢、更睿智的決定。下面，我將以自己為例，和大家聊一聊認識自己的方法和步驟。

生活中，我算得上是一個自我中心指向的人。從懂事起，我便養成了用日記記錄生活的習慣，成年後，又對心理學產生了濃厚的興趣。我喜歡思考哲學和人生，也喜歡與不同階段的自己對話。歸納起來，在「認知自我」的過程中，我主要做了以下努力：

◆清晰把握「開放我」，改變敘事方式

所謂的敘事，說白了就是講故事，也就是我們講述自己故事的方法和習慣。不同的敘事習慣，反映出對曾經的自己不同的看法和理解，也直接影響著人生態度和一系列的處事應對方法。

通常，能夠清晰把握「開放我」的人，在看待過往的時候，會更願意站在不同的角度，採取不同的辯證思維，進行更深刻的思考，不會只停留於表面「發生了什麼」，他們相信絕對的客觀、真實、公平是不存在的，更能接受並尊重這個世界的複雜性和相悖性。

◆思考如何面對「隱藏我」

透過這個「隱藏我」，了解自己介懷的部分，認識自己的脆弱，無論是自卑、內疚、慚愧、疾病、痛苦或是各種欲望，每個人都有私密的心理空間，這些空間能夠帶來存在感和安全感，大可不必因此有所顧忌。

而在職場中，如果感到不得其所、懷才不遇了，就要考慮將「隱藏我」中的那些優點，透過恰當的時機尋求表現，大膽的展示，讓「隱藏我」中的優點成為更多「開放我」的部分。「是金子總會發光」，但金子也必定少不了恰當的展示機會。

◆盡可能了解「盲目我」

了解周圍人，多聽聽伴侶、朋友、親人、同事等對你的看法，從別人眼中口中發現不一樣的自己，可以幫助更全面、更真實、更準確地認識自己。也許你會聽到一個和你印象中完全不同的你，但別著急，更別忙著辯解，思考是否自己的某些言語行為讓別人引起了誤會，是否在資訊的二次三次傳遞中有所錯漏？是否能再改善溝通交往的方式和技巧？

需要注意的是，儘管他人的看法和評價是我們進行自我分析的重要依據，但並非所有人的資訊回饋都具有價值，因為人的評價是主觀的，都存在個人的情感和認知偏差。面對這些評價，就要學會取捨：

一是和你無關之人的評價，所謂「無關」，就是他根本不在乎你過得好不好，比如看熱鬧的鄉民，那個對誰都好言好語的同事老張，這樣的人秉持著事不關己、誰都不得罪的處事準則，他的評價往往是為了明哲保身、討好大家。

二是對你有攻擊心理的人的評價，他不僅不會為你著想，甚至盼望著你倒楣，例如，心胸狹隘善妒的同事阿灰、或是因愛成恨的前女友等等。

要知道，無論你做什麼，攻擊心理決定了他們的解讀，比如你心慈眼淺，看到某個場景流淚了，阿灰可能會說「瞧，裝什麼善良，戲真多，太虛偽了！」懷恨在心的前女友也可能會因你的任何行為作出指責批評，「我太了解他了，他其實就是在裝，非常會裝！」所以這些人的看法也不具有借鑑意義；

三是親密他人，比如為你掏心掏肺的爸爸媽媽，他們堅信你是最棒的，比如為你傾盡所有的愛人，他「情人眼裡出西施」，認為你什麼都好，親密的家人或愛人的評價中會有不可忽略的主觀色彩，這也是需要提醒自己注意的。

◆努力挖掘「未知我」

努力挖掘「未知我」，就得多嘗試，多給自己創造認識、接觸這個世界的機會，建議可以考慮透過可靠的心理測量來挖掘自己未被開採的潛能。

當然，人是複雜的動物，不管怎麼努力，人總還是會有一部分「我」是自己無法探知的，並且在不同的人生階段，人會發展出不同的狀態和感悟，也會成就不同的自己，也因為人會不停學習、不停成長、不停變化，這些自己的評價連同外界的評價，都會不斷變化與豐富，自我認知也就是貫穿一輩子的事。

有人問，這是不是意味「我究竟是誰？」是個終其一生都沒有標準答案的問題，是的，可是哪有那麼多的標準答案？

想想，未來那個你，比今天這個你要出色優秀，這樣的自我成長和成就，就足以讓人興奮了，不是嗎？所以可以確定的是，認識自己一定是成就自己的最佳解答。

1.2
你和「別人」之間，究竟有何不同？

在現實生活和工作中，我們常常會遇到這樣的煩惱：

別人過得鮮車怒馬，我卻倒楣命苦；別人有好爸媽、好機會、好運氣，我卻什麼都沒有；同樣的升遷機會，別人輕而易舉就得到了，我付出全部努力還是無法晉升……

這個讓我們深受困擾的「別人」，彷彿是一個傳奇般的存在：他們沒煩惱、沒坎坷、不焦慮、不緊張；他們出身好、背景強、貴人多、運氣佳；他們不費吹灰之力便能在職場上左右逢源、如魚得水。

相較之下，沒背景、沒關係、不漂亮、不幸運的我們，就顯得落魄而渺小，過得不幸又不堪。

小慧在職場上就遇到了這樣的「別人」。大學畢業後，小慧和同宿舍的小美一起到某企業上班，從事銷售職位。三年過去了，小美已經做到了大區經理的職位，而小慧卻依然只是一名普通的銷售員。

為此，小慧覺得自己特別命苦，她傾訴：自己和小美同一所學校同一個科系，又同期入職，甚至連長相和身材都差不多，如今，小美已經幸運地升遷了，而她卻倍感迷茫，不知道什麼時候才能「熬出頭」，迎來好運氣。

有小慧這樣困惑的人其實很多，但我們細細想來，這一些相同和不同，真的是因為運氣嗎？我們用來與自己對比的那個特殊的「別人」，真的是我們以為的模樣嗎？造成我們和「別人」不同的，真的是我們看到的原因嗎？

事實上，人與人之間的關係非常微妙，大部分時候，我們總是站在自己的立場想問題，我們總以為自己看到的和了解的，就是事實和全部，我們甚至以為自己對生活、對世界的判斷標準就是標準的原點。

然而，這個世界並不是靜止的，它變化、多元。我們所看到的別人，也並非只有一面，而是多面、立體的。很多時候，我們的主觀意識決定了我們的一葉障目，我們看到的，往往只是我們想像的或者片面的，它很可能並不真實也不全面。

關於這一點，或許腦科學可以給你更好的解釋。

腦科學解讀：你和「別人」，究竟有何不同？

1960 年代提出的「三位一體的大腦」假說，按照進化的先後將我們的大腦分成了三部分，舊腦（爬行動物腦）、情緒腦（古哺乳動物腦）和理性腦（新哺乳動物腦）三大部分。

舊腦負責生存問題，例如，渴了要喝、餓了要吃；情緒腦負責產生情緒和應對情緒，例如，喜歡的就要得到，高興了就笑、恐懼了就跑；理性腦負責的是思考、邏輯推理，例如，當想吃喝玩樂了，理性腦提醒說得張弛有度，這時候更應該抓緊時間把手頭的工作先完成了。

理性腦就像一臺大型的機器，一直在運轉；機器運轉就需要燃料，燃料就是大量的葡萄糖和能量。遠古時期，原始人的生活狀態是極不安穩的，這就決定了原始人的大腦無法按時獲得營養補給（哪像我們現在三餐，甚至五餐、六餐都能定時定量），於是，那個耗能巨大的大腦，為了應對生存，就必須自發地「節能省電」，怎麼做？偷懶就是個辦法，偷懶能省時省事，降低耗能，於是大腦就「習得」了偷懶的本事，「刻板效應」就是表現之一，比如一旦被蛇咬過，大腦就給蛇貼上了「恐怖分

子，危險勿近」的標籤，下回見到蛇就會不假思索地遠離，甚至「十年怕草繩」。

「偷懶」的表現也展現在憑藉隻字片語就形成對某個人或某事物的印象，比如，小慧聽和自己走得近的同事小華說，隔壁組的阿欣心機重、手段多，於是就想盡辦法不與他共事合作，甚至避之唯恐不及。

大腦的偷懶是為了生存，但也帶來了一系列後果，比如「刻板效應」，就是習慣把人進行機械的歸類，把某個具體的人或事看作是某類人或事的典型代表。

前蘇聯的社會心理學家做過這樣的實驗，將兩組測試者分別看同一個人的照片，照片中的人形象分明，眼窩深凹、下巴外翹。

接下來，就是向兩組測試者分別介紹情況，他們對第一組說「這個人是個罪犯，罪惡滔天……」，對第二組的說法則是相反的「這個人是位成就很高的學者，為科技領域貢獻很大……」。

接下來，請這些測試者再分別評價照片中這位人的面相，有趣的事情發生了。

一組說眼窩深凹，表明他心思深沉、凶狠狡猾，下巴外翹反映他頑固、出格、為所欲為；第二組呢？他們把這個人相同的特徵解讀為有思想、有深度，意志力強，沉著、執著、堅韌。

刻板印象就是這麼形成的，大腦確實也在工作，但只是在一定範圍內下判斷，為了節省時間和精力，根據掌握的資訊迅速推測概況，但也往往會過於主觀，容易成為偏見，這些偏見可以因接觸過的人和事產生，比如一面之緣，或是某一次的相處，也可以是因為真實的間接數據，而對未接觸過的人和事產生。

比如上文提到的，小慧聽說阿欣居心叵測就認為他不是好人不好相

Part1
一個很重要的問題 ——「我是誰？」

處，再或者，聽說阿牛家境不錯，就認為他的成功是因為出身好，看到阿花和老闆有說有笑，就認為阿花的晉升是潛規則走了後門的。

再進一步看，生活裡，認為女司機是馬路三寶，老年人古板執拗，八年級生自私衝動等等，這些都是刻板效應在作怪。

那麼現在想來，那些別人，真是你眼中的那個「別人」嗎？

大腦偷懶所帶來的後果除了「刻板效應」，還有「投射」。

美國學者設計過一個「傷痕實驗」，專門用來研究人的內心狀態，對自己的行為和判斷的影響。參與實驗的同樣是測試者，並分別被安排到沒有鏡子的小屋，由好萊塢的專業化妝師在他們臉上化出逼真的傷疤，畫好後允許測試者照一次鏡子，目的是讓他們對自己臉上的假疤痕和自己帶疤痕的模樣有印象。

接著，化妝師透過各種藉口及方法，將疤痕悄悄抹掉，完成這些步驟後，測試者分別被安排到不同的醫院候診室，他們得到的指令是「要觀察別人對你的反應！」最後，收集實驗資訊時，發現測試者都表達了類似的感受，那就是「他們總盯著我的臉看，讓我好不自在，非常不舒服，他們有的表現得很驚恐，有些刻意避開我，有些是在可憐我⋯⋯」

但其實，疤痕只存在測試者自己的心裡，別人眼中的他們沒有疤痕，也就不存在測試者心中的那些感受。這就是「投射」在發揮作用。

「以己度人」就是一種投射，《天方夜譚》中哈里發國王的故事是個典型：漁夫在河裡發現了金幣，卻怕國王哈里發來偷，所以漁夫想出一個主意，為了假裝自己又苦又身無分文，他用皮鞭不斷抽打自己。

國王缺金幣嗎？國王會在意並偷盜漁夫的金幣嗎？當然不，那為什麼平民漁夫會擔心高高在上的國王來偷自己的金幣，甚至寧願透過自虐自殘的方式來「避禍」，假裝身無分文呢？這就是漁夫以己度人，將自己的價

032

值觀套在了國王身上。

投射，說的是人依據自己的需要和情緒，將自己的特徵轉移到別人身上的現象。比如，認為自己喜好的別人也會喜好，自己厭惡的別人也厭惡，又比如自己有壞念頭或某種不良習慣，反向指責批評別人有壞念頭或不良習慣；或是把自己嗤之以鼻的特徵、態度、欲望轉移到別人身上，指責別人態度不佳、欲望太強。

投射在生活中出現的頻率這麼高，它究竟給人帶來什麼樣的「好處」？比如，投射的作用下，原本要面對的責任似乎是可以逃避的，也就是讓「別人」成為了自己的代罪羔羊，像「龜笑鱉無尾，鱉笑龜粗皮」、「五十步笑百步」。

就類似「酸葡萄」和「甜檸檬」效應，其實是人保護內心安寧的一種心理機制，但這樣的心理機制就會影響人對他人、對事件的理性分析和判斷，容易導致人際關係出現問題。

也就是，其實別人未必是我們感覺到的那些「別人」，「別人」很可能是你的投射。基於此，我們受到的，那個想像中特殊而完美的「別人」的困擾就很好理解了。

先來看第一個困擾：為什麼別人過得鮮車怒馬，我卻倒楣命苦？

在生活中，我們或多或少都會有這樣的認知：自己喜歡或厭惡的，就覺得別人也同樣會喜歡或厭惡；自己大方，就認為別人也不會小氣；自己勤奮，就覺得別人也不會偷懶；自己抱怨薪水少了，看到別人心情不好，就認定別人也在為生計發愁；自己失戀了借酒消愁，看到別人喝酒，就以為別人的情路也不順；自己喜歡說謊話，就覺得別人也一樣不誠信；自己心胸狹窄，便時刻提防別人的算計；自己善妒多疑，也會擔心別人的嫉妒加害……而這一切，都是因為投射在作怪。

事實上，人和人之間既有共同性又有個體性，很多時候，在缺乏自我認知的前提下，也不了解別人，我們的判斷就會受到來自主觀和客觀的各種干擾。大多數時候，我們眼中的「別人」、我們眼中的世界和真實的別人、真實的世界是天差地別的，即便是社群裡的精彩紛呈和有聲有色，也不過是別人特意展現出來，經過修圖美化的生活中的很小一部分罷了。

當我們一廂情願地以己度人，按照自己的主觀意識和思維方式去理解和判斷別人的生活，當我們把別人的特性硬納入自己的規則中，按照自己的標準去要求別人，我們看到的，往往不是全部的真相。甚至，當我們在豔羨別人、垂憐自己的時候，或許，我們也正在成為別人豔羨的目標。

再來看第二個困擾：為什麼別人有好爸媽、好機會、好運氣，我卻什麼都沒有；同樣的升遷機會，別人輕而易舉就得到了，我付出所有努力還是無法晉升？

不可否認，原生家庭直接影響著一個人的觀念，好的出身的確對一個人的成長會產生更積極的影響。然而隨著時代的發展和科技的進步，這種影響正與日俱減。如今，因為有了網際網路，優秀的文化成果和先進的理念方法唾手可得，每個人都擁有獲取資訊、學習知識、累積財富的機會。

換言之，造成人與人之間差距的，其實並不是出身和運氣，而是思維方式和努力方向的不同。

英國倫敦的學者曾經針對網路行為習慣做過一項研究，他們在社交媒體上對同一城市的打工人和中產階級分別進行了長達 4 個月的跟蹤觀察。結果發現，這兩個群體分享發布的 6,000 篇文章，重合率極低。

這個研究結果告訴我們，即便人們擁有同等獲取資訊的機會，仍舊會受到自己思維模式的影響。而這種思維模式的不同，也就決定了有些人上班認認真真，在工作之餘還會利用閒暇時間去充實自己；而另外一些人則

敷衍了事，三天打魚，兩天晒網，終日沉溺網路遊戲或購物網站。

當然，大部分時候，我們看不到這些思維和努力程度的不同。我們所能看到的，要麼是別人和我們的差距，比如別人貴人多、運氣好，別人活得風生水起（翻翻你的社群就能發現了）；要麼是別人和我們相似的外在，比如同樣的教育背景、同期入職等等，加上投射的影響，我們還會理所當然地認為我們應該和別人有一樣的境遇。

於是，當別人發展得比你好、升遷比你快了，你就會憤憤不平地把一切歸因於別人出身好、機會好、運氣好，然後羨慕著、嫉妒著、等待著好運從天而降。

遺憾的是，這世上哪有那麼多的好爸媽、好運氣、好機會呢？你眼中那些比你完美、比你幸福、比你升遷快的「別人」，其實只是付出了你從表面上看不到的更多努力，只是選擇了與你想像中不同的生活方式。

當你在睡覺，別人正躲在你看不見的角落挑燈夜戰；當你只完成了自己手頭的工作，別人還默默承擔了更多不屬於自己的工作……歸根究柢，比起好出身和好背景，真正制約和決定人的發展的，其實是你改變自己的意願是否強烈，是你有沒有為了變成更好的自己而付出比別人更多的努力。

所以，當你在對別人羨慕、嫉妒、恨的時候，為什麼不把這些時間和精力用來改變自己，奮起直追呢？

1.3
你是在做自己，還是在做別人眼中的你？

從小到大，我們的身邊總有著這樣的聲音：要成功，要出人頭地，不能讓別人笑話！一定要好好學習，不然就考不到好學校；考不到好學校，上不了好大學，就找不到一份穩定的工作；沒有穩定的工作，就找不到好對象，那一輩子也就那樣了，別人會看不起你的……

在《世界那麼大，我想去看看》裡，有這樣一段話：

十年寒窗，學滿畢業，偶有因緣，得入政企。工作勤懇，然天資平庸，不善長袖善舞，終泯然於眾人。韶華之年，父母之命，媒妁之言，嫁為人婦，期年又迫於流言蜚語，及雙親期盼身為人母，五十年鍋碗瓢盆，家長裡短，紛爭不斷，六十載心繫子女，百般算計，千番教導，肝腸寸斷。年四十，喪考妣，再見無期；年五十，淪孤巢，多病纏身；年六十，兒女成家皆高左右；年七十，失侶無伴，獨來獨往；後期年，此身亦歿，一生無功亦無過。

—— 引用自 《世界那麼大，我想去看看》

這就是一種被規劃的理想人生。在這樣的思維影響和輿論薰陶下，許多有著文科天賦的人為了「就業方便」，選擇了並不擅長的理科；許多有著創業夢想的青年。選擇捧著「穩定的鐵飯碗」按部就班的生活；許多對愛情懷抱著渴望和嚮往的人，與那些父母眼中的「好對象」相守一

生……他們放棄自己的夢想與憧憬，只為了過別人和輿論中「正確」的生活。可是，這樣的生活真的快樂嗎？

看越小的孩子玩耍，越能感覺到他們的隨心所欲，他們專注地沉浸在自己的世界裡，可以忽略別人的存在，他們表達的情緒最真實、最不假思索，高興了就笑，難過了就哭，他們自由地探索世界，自由地做自己。

讀書的時候，你喜歡化學老師，你的化學成績在年級數一數二，你說數學老師對你不好，你不喜歡他，所以數學成績就是上不去。

工作之後，你說主管不認可你的能力，輕視你忽視你，你提出申請，調職去了另一個部門，可你發現另一個部門裡的同事總是針對你，你說和這同事處不來，工作效率也受影響，你嫌這工作沒勁，只好咬著牙換東家。

可曾想過，事態的發展，為什麼會那樣，你怎麼不自在了？

因為你自我價值感的建立，取決於別人、別人的評價。也就是當老師喜歡你了，你感覺自己的價值感和存在感高了，於是帶動了學習熱情，成績就上去了；相反，遇到不那麼喜歡你或是沒怎麼表揚過你的老師，你的價值感和存在感低了，導致學習熱情缺乏，成績自然上不去。

工作後也是同理，你覺得主管不認可你、忽視你、輕視你，你覺得同事針對你，你在公司裡感受不到價值感和存在感，無法提高工作積極性，工作狀態不好，工作產出和效率自然也就不理想了，假如主管欣賞，同事認可，不同的情境下你的工作狀態自然會不一樣。

這麼一分解，你是不是發現「好像還真是啊！我竟然一直是被別人影響的！」可是你怎麼就活成了別人眼中的那個你？

腦科學解讀，你怎麼就活成別人眼中的你了？

這裡說到的價值感、存在感，也就是自我尊重，即自尊，就是我們時常掛在嘴邊的「自尊心」，是人對自己的社會角色進行自我評價的結果，是對自己綜合價值的肯定，受社會比較、別人評價和自己的得失成敗的共同影響。

上班族建國，樂於助人，不爭不搶、不計較，大家都願意和他共事相處。在家裡他和太太也和睦恩愛，建國這一系列表現，就屬於高自尊的表現。

另一位上班族建華，做事一絲不苟，平常蠻溫和的，但當理念和別人不同，或是有人對他提出建議時，他就一反常態，呼吸急促、語調加速，急著表達自己，急著證明自己的觀點，也時常和人爭得面紅耳赤，建華對不同聲音的敏感和抗拒，屬於低自尊的狀態。

人和人之間因為自尊水平有別，表現也就不同，高自尊的人懂得尊重自己，也懂得尊重別人，懂得如何增強內心力量，能夠實現自我成長；低自尊的人怕不被欣賞、不被認可，一旦聽到別人對自己的負面評價，就容易敏感焦慮，處處表現出要強的模樣，其實不過是外強中乾。

自尊過弱，也就是自卑的表現。

關於影響自尊形成的幾種觀點中，美國機能主義心理學的詹姆斯（William James）提出過這樣的公式：自尊＝成功÷抱負。

這個公式說的自然是自尊取決於成功，但需要界定的是，它更取決於人如何去界定「成功」，對於完美主義者來說，成功就是更加不容易的一件事，但對於知足者呢，一次小小的進步也可以讓他欣喜不已。

除了成功和抱負，影響自尊的因素還包括社會尊重、社會比較等，也

就是別人的評價，確實有一定分量，是的，我們從未否認過外界評價的意義和作用，可這「一定分量」怎麼就能作為主導因素，影響了一些人的自尊，讓他們活成了別人眼中的那個自己？

也許你也被這樣勸過：「不用太在意別人的眼光，做好自己就好！」還有那句著名的「走自己的路，讓別人說去吧！」可是，這樣的勸說就如隔靴搔癢，效果甚微，過於在意別人的人還是畏首畏尾地怕「別人笑話」。

這是因為這些表象背後都有大腦運作的機制，透過腦部掃描發現，無論年輕還是年邁，人的自尊水準是和大腦有密切關聯的。比如「海馬迴」和「杏仁核」這兩個分管記憶和情緒的重要部分，自尊尤其跟海馬迴體積的大小呈正相關，比如低自尊的人的海馬迴體積，就比高自尊的人的要小。

說到這裡，你會問，這海馬迴體積怎麼會變小了？變小了又如何呢？

低自尊的人特別要強，對別人的眼光和評價更敏感，尤其容易被消極事件、負面評價影響，當聽到別人對自己有類似不肯定、不認可的評價時，比如面對老師的忽視或批評，主管的不欣賞、不認可等等，低自尊的人緊迫反應就會更激烈；也就是更容易著急上火，會焦慮、憤怒、暴躁等，這樣的緊迫反應又會刺激大腦分泌皮質醇（cortisol），若是常常出現這樣的緊迫，常常導致皮質醇的分泌，就很可能會導致海馬迴萎縮變小。

想想，海馬迴主要負責記憶和情感控制，所謂的記憶，是海馬迴在我們大腦裡面提取出資訊的過程和能力，這海馬迴越小，也就意味著人越難正確提取大腦中的資訊和數據，就更無法理性應對負面情況。長此以往，記性不好、反應不快、情緒不好，自我評價也就會越消極，越自卑，越敏感，越容易激動，這是一個惡性循環。

除了跟海馬迴和杏仁核的體積有密切關聯，自尊還跟情緒和壓力管理相關的腦區有相關，比如前扣帶皮層、前額葉、下視丘等等，高自尊的人這些腦區更大，也就意味著他們的高自尊為情緒和壓力的感知和管理關懷備至。

這些腦科學研究都在一定程度上解釋了高自尊的人更能應對壓力，進而提高生活滿意度，幸福感更高。

那最早，你的自尊感是怎麼受影響的？也許就是一件事情埋下的種子，也許就發生在早期社會化的過程中，也許就在小時候。

4歲的瓜瓜特別喜歡說話，不管在家還是在幼兒園，他都像隻小鳥一樣嘰嘰喳喳的。有天晚上快9點了，爸爸回家了，瓜瓜自然不知道爸爸這些天為了趕專案，已經連續幾個晚上沒什麼睡。尤其今天，從凌晨出門就開始奔忙，午餐、晚餐都沒怎麼吃，一直忙到剛才，疲憊頭痛得都餓過頭了，只想躺下睡一會。

可是瓜瓜看到爸爸，只覺得很高興，他開始講故事、背詩、還說起了今天在幼兒園老師表揚他的事，說著拿起一本故事書纏著爸爸要講故事，爸爸終於沒壓住怒火：「吵死了，你知不知道你吵得我好煩，你趕快進房間，自己睡覺去！」

從那次開始，瓜瓜覺得自己愛說話是討人厭的，他怕被爸爸討厭，於是話越來越少，也越來越內向，生怕一說話就招人煩。

其實和所有爸爸一樣，瓜瓜的爸爸也深深愛著自己的孩子，希望孩子快樂成長，但他不知道，瓜瓜自己也不知道，爸爸一次情緒身體狀態很差時無心的訓斥，給瓜瓜帶來了那麼大的影響，讓瓜瓜後來常常擔心自己會惹人厭煩，讓他小心翼翼看著別人的眼神做人做事。

沒錯，低自尊狀態的形成，就有可能源於你小時候經歷一些負面事情

時產生的感受，是你主觀的感受和判斷，也就是「我不該說那麼多話，很招人煩的，爸爸就討厭我，我以後要少說話了。」這意味著人在童年的經歷，關於家、親人、朋友、所在的學校或其他環境等等，都會影響人看待世界，以及看待自己的方式。

人會經歷積極和消極，人從小就有積極情緒和消極情緒，有積極感受和消極感受，而那些負面、消極的，就有可能形成消極的自我信念，比如「他們笑我有雀斑，我不夠好看」、「我被檢討了，是的，我成績不好，我不聰明」、「我惹爸媽生氣了，我不是個好孩子」，這些主觀並消極的信念，就可能影響了自尊。

低自尊的表現背後都有內在問題，是這個人秉持的內在信念，比如一個抗拒社交的人，他的內在信念很可能是「我不討人喜歡」、「我嘴笨，不懂溝通」，這些信念越堅定，越會感覺自己不好，而為了避免感覺自己不好的這個感受，人就會為自己設定一些應對措施，讓自己過得盡可能心安理得和舒服踏實。

例如，覺得自己「我不討人喜歡」，這個人的應對措施就是告訴自己「我要讓自己表現好，我要懂得投其所好，我得懂得察言觀色、討好人，這樣人就會喜歡我了」，於是生活中這些應對措施就會啟動，影響人的言行，接著逐漸成為這個人穩定的行為模式，他就為了討人喜歡而努力討好別人，忽略自己的真實感受和需要。

有意思的是，若是這樣的行為模式是有效果的，也就是當他發現察言觀色、投其所好是能夠讓自己討人喜歡的，他就會感覺很不錯，這樣的自我感覺良好就像強化劑，強化了這個人這樣的行為模式。但其實，這些不錯的感覺，不過是在短暫的某個時刻，是他在向自己證明「看！我擺脫了低自尊感！」；可要是又被檢討了，或是像前文提到的平時溫和的建華，

一旦有人對他提出了不同建議，他就又一反常態，呼吸急促、語調加速，和人爭得面紅耳赤。也就是，即便偶爾透過討好別人，獲得了良好的自我感覺，一旦有些風吹草動，哪怕別人的某個質疑眼神或某句問話，都可能又激起低自尊的消極感受。

那怎麼提升自尊水準，怎麼擺脫低自尊的困擾？自然是要先進一步認識自己。

第一步：問問自己，擅長什麼／不擅長什麼；曾經的成功／曾經的失敗；喜愛的／不喜愛的等等；

第二步：誠懇面對，面對自己在意、糾結的事，面對自己會因為別人的評價而焦慮這件事，面對自己的優點和缺點，尤其是要面對自己，面對其實是希望變得更好，希望給外界呈現出更好一面的自己。

強調「誠懇」，是因為人常常會礙於面子，或是不願相信自己的不夠好，於是有意無意忽略自己的在意、糾結和焦慮，這種自欺欺人的忽略屬於自我防禦，雖然可能讓你獲得暫時的舒適，卻不利於改善整體情況，也就是，任由這種自我防禦一回回啟動下去，你離高自尊也只會越來越遠。

第三步：停止一味的自我攻擊。低自尊的人內心有著來自外界的負面聲音，這些負面聲音來自包括父母、老師、主管、前輩、朋友、同學等，這些有意或無意的負面表達，再經過人自己的主觀加工，就會內化到這個人的意識中，讓這個人產生愧疚、難過、自責、自卑等等的負面感受。

下一次當這樣的意識出現的時候，比如「我話太多，很惹人煩」、「我能力太差，不爭氣」、「我邏輯能力很弱」，先停止！問問自己，這是不是一種攻擊，這種攻擊是怎麼出現的？

接著，抓住這些負面的資訊，搜尋足夠的論據，例如「我話太多，很惹人煩」，如何定義話太多？我說的都是什麼話？惹人煩，是誰表達出煩

的情緒了？在什麼情境下我說的什麼話，引起這個人的厭煩情緒了？⋯⋯不要再聽到負面表達時，就立即對自己進行攻擊，理性思考分析，才能有效地尋求解決。

最後，低自尊的人對負面評價敏感抗拒是因為擔心這些人和評價會影響自己的狀態，說白了就是他們認為，並且允許這些負面評價對自己起影響甚至起決定作用。

下一次感覺難過、委曲求全的時候問問自己：

「我拒絕或提出不同意見，就會被降職、冷落、被邊緣，甚至被炒掉的話，那這是個什麼樣氛圍的公司呢？值得付出全身心去奉獻自己，替公司賺錢嗎？」

「我不順著他的意，他就和我生疏，還到處說我的壞話，那他可是把我當朋友了嗎？」

尊重別人，更需要先學會尊重自己的真實情緒，學會坦然表達自己的合理的想法和感受。

1.4
才華橫溢的你，為什麼被不自信困住了？

我們經常在職場中遇到這樣的情況：

老闆在會議中提出一個專案，說：「有沒有人願意接手這個專案，擔任專案負責人？」其實你早就聽說公司拿到這個專案，這個時候，你看著手中精心準備的企劃案，再看看老闆，會議室一片安靜，你想要發言，卻猶豫著「要不要現在舉手？」、「還是再等等？」你手心冒汗，心跳加速，心都快要跳到喉嚨了。

這時，辦公室的阿萍舉手了，她是公司的交際明星，雖然工作能力一般，但她積極陽光，充滿自信和活力。她侃侃而談，一如既往的淡定自如，但她闡述內容的專業性和邏輯性都有欠缺，很顯然，她對這個專案了解得不夠透澈，功課做得沒有你扎實，你暗自嘆息，如果剛才勇敢發言的是自己就好了。

阿萍發言結束，老闆對她第一個發言的行為，表達了讚許和肯定，也指出了一些問題，你聽著老闆的話，看著手中的企劃案，思索著自己的案子是不是也還不夠好，猶豫擔心自己發言後，也會被老闆當眾指出問題，你更後悔自己不是第一個站出來的人，「第一個」總能得到多一點寬容和好印象，成為「第一個」的勇氣就已經加分了。你遲疑著，糾結著，直到第二個、第三個同事各自表達完畢，老闆宣布投票。

你就這樣在糾結與遲疑中失去了這次表現的機會。

發現了嗎？你總是職場裡最不起眼、最容易被忽略的那個人，你並

不是不夠努力，你也並不缺勤奮、天賦和才華，你只是「畏懼」和「退縮」，你只是缺乏自信。

美國著名心理學家馬斯洛（Abraham Maslow）認為：自我實現的需要是最高層次的需要。正如你需要空氣、需要陽光，你也需要自我實現和自我成就，需要挖掘潛能，展示才華。而自信正是挖掘內在潛能的最佳法寶。古往今來，有所成就必不可少的一項特質便是高自信的程度。

在職場生活中，自信的人總是能更容易展現自己的魅力，讓別人看到自己的能力。自信的人一定是能肯定自己能力的人，能更好地接受別人的注視和評價的人，所以自信的人，在工作中也常常比不自信的人更加遊刃有餘。不自信的人擔心在他人的審視中暴露自己的缺點，於是將自己隱藏起來，可也因此失去了在他人眼中的存在感。

那麼，我們應該怎樣建立起自信呢？

腦科學解讀：如何獲得自信，更好得做自己？

自信，是個複雜的主題，既然一直在聊「別人」，就先來看看「別人」和自信的關係。

有過這樣一個實驗，找兩類人成為實驗測試者：一類，籃球球技是路人水準，我們簡稱這一類人為「路人」；另一類是籃球高手，簡稱為「高手」，再讓這兩類人分別蒙著眼睛，進行一定次數的投籃。

實驗在現場安排一些觀眾，要求他們在「路人」投籃時發出歡呼、喝采聲，在「高手」投籃時發出遺憾聲，「咦？」、「唉呀……」。

接著下一個階段，讓路人和高手分別再投籃，這一次不矇眼睛。

統計後發現，在上一個階段接受歡呼喝采聲的「路人」，他們的投籃命中率都比往常要高，甚至高出許多。反之，本來有一定基礎的高手，在

經歷一段時間的「遺憾洗禮」後，投籃命中率下降，甚至是大幅下降。

這個實驗就能看出，「別人」能造成的心理暗示，對人的表現可以有很大的影響。積極正面的表達能提升「路人」的投籃命中率，因為它增強了「路人」的信心。

職場上有一些負面資訊是無意的表達，比如要團隊比賽或是要上臺表現了，牛哥對你說「年輕人，別緊張啊！」，可這樣的話不表達也罷，說了就有可能不緊張變緊張了，像是大考前，媽媽送你到校門口，原本一個眼神一句加油便好，可媽媽們常會關切地說一聲「孩子，不用緊張，媽媽相信你！」那個時刻你可能真是會長嘆一口氣……

有無意的，自然也會有有心的，刻意為之的，來看這樣一件事：

小美是我的同行，在她還是新人時，公司安排她和其他幾位主持人一同主持一場活動，腳本中主要橋段的主持工作屬於前輩琳姐，小美負責的就是介紹到場嘉賓和幾處簡單的承接。

開場前，大家在閒聊，琳姐和身邊的男搭檔憶起了往昔，說到主持分工，她說「這活動最重要的部分就是嘉賓介紹那塊了，別的都沒什麼，哎！你還記得嗎？當年阿強介紹嘉賓時就捅婁子了，好丟臉啊，那事當時讓臺下那位老闆當場黑臉走人，阿強也被冷凍了好幾年啊，哇！那次真是太難忘了……」

小美在一旁，自然聽得清楚，畢竟是新人，難得有露臉的機會，想到等一下自己就要介紹嘉賓，一緊張心裡也打起了鼓。果不其然，到了臺上，輪到她介紹時，讀到一半腦子裡突然冒出了琳姐說的話，心一慌停頓了幾秒，雖然沒讀錯，但她知道自己分心了。

後來小美才聽說那是琳姐的一貫作風，透過負面資訊給搭檔造成壓力，達到影響搭檔發揮的效果，就像是運動場上比賽中給對方挖坑，等對

方失誤違規似的。

　　了解正面、負面資訊和信心之間的關聯後，再遇到這樣的情境，小美不僅不會被輕易影響了，還打趣的回應「哎呀！姐，被你這麼一說，我壓力好大哦，你呢？你壓力好大的時候，怎麼辦呀？」

　　所以這建立自信的第一步，便是了解積極和消極表達對人內心、自信程度和行為的影響，尤其是要留意「別人」有意無意所表達的負面資訊，防止這些資訊可能造成的心理暗示，降低它可能給自己造成的影響。

　　而在自我層面上，其一，一個簡單直接的方法就是時常給自己肯定和鼓勵，尤其當感覺自信心不足時，對自己說「我可以的！相信自己！我是最棒的！」清晨盥洗時可以對著鏡子給自己個微笑，告訴自己「這個笑容不錯哦」；有人說「我笑起來不好看，最不喜歡看自己笑了」，那是因為笑得少了。想想，再不懂英文的人也能把「Hello」表達得自然流利，就是因為使用頻率高，經常聽、經常說，笑也一樣，笑得多了，自然就能笑得自然，笑得好看。

　　其二，透過外在提升自信，比如肢體動作、外形打扮等等。

1. 肢體動作

　　這裡要提及「具身認知」理論，是心理學裡一個新興的研究領域，說的是生理體驗與心理狀態之間有著強烈的連繫，生理體驗能「啟用」心理感覺，反之亦然。也即是，身體是可以影響思維和行為的。

　　耶魯大學做過這樣一個實驗，隨機把大學生分成兩組，讓 A 組的測試者捧著一杯熱咖啡，讓 B 組捧著一杯冰咖啡，再把他們帶到實驗室，要求他們分別對同一個中性人物（虛擬人物）的人格特徵進行評估。結果顯示，拿熱咖啡的人比拿冰咖啡的人，更傾向於給這個人積極的人格評估，

覺得這個人更外向、熱情、友好。從中就發現，身體感知到的溫度影響了人認知上的判斷，在安全舒適溫暖的環境中，人更容易作出積極樂觀的判斷。

那麼腦科學是怎麼展現「具身認知」的？

1996 年，義大利帕爾瑪大學神經科學中心，學者發現了鏡像神經元，為具身認知提供了神經生物學的證據；簡單說，鏡像神經元和我們平常所說的「共情」有密切關聯，當看見別人的行為狀態時，我們大腦中的自身鏡像神經元就會被觸發，好像自己也處於同樣的行為狀態，比如看到情侶親熱親吻，你會有性反應，看到有人受傷，你會感覺疼或不適，看到電影裡的驚嚇畫面，你會被嚇到或感覺緊張害怕。這就是鏡像神經元在發揮作用，我們會透過對方的言行狀態，去理解對方的意圖感受，甚至感同身受……發現鏡像神經元這件事，給「具身認知」提供了腦科學證明，證明了我們的感知、認知和行為反應並不是獨立的過程，它們是交織在一起的。

行為心理學認為並不總是思想來控制行為，行為也可以影響思想。就有研究發現，當人把身體姿勢表現得自信自在自如時，外在的這些行為表現會影響內心的感受，人會覺得自己確實信心增強了。比如讓一個平常狀態的人，突然踢牆踹門、摔瓶子、砸櫃子，他就會被這些行為動作激起激動、憤怒的情緒，這一點也在史坦尼斯拉夫斯基（Konstantin Stanislav-ski）的戲劇理論中有所展現，一個演員想要迅速憤怒，可以透過摔椅子的行為達到。

也就是，要在短短幾分鐘的時間提升自信心，可以透過一些動作上的調整，比如張開雙臂、舒展四肢，我們統稱這類姿勢為「高權力姿勢」。為什麼稱之為「高權力姿勢」，是因為這些動作通常是高權力的人所展示

的一些特徵，無論是古代東方的皇帝、西方的君主，還是現代的老闆、老大、領袖，肢體動作大多是開闊的、霸氣的、舒展的，這樣的姿勢似是占據更多空間的。

相反，垂著頭、蜷縮著、收緊的，通常是低權力者常有的姿勢。

高權力者，或說有權力的人，對自己的身體、狀態、心智都更有控制感，能夠感覺到較高的效能感，自然也是更加自信的，並且他們體內的某些激素濃度也不一樣，比如睪固酮和皮質醇。

睪固酮的高低能反映人的自信狀態。睪固酮是大腦產生的一種激素，也就是俗稱的雄性荷爾蒙。在人類和其他生物身上，在男性或女性身上，睪固酮影響力量、活力、性慾，當然了，某些行為也可以反過來影響睪固酮的高低。

有研究調查了運動比賽和睪固酮的關係。發現在比賽前，所有參賽者的睪固酮都會上升；但是在比賽結束之後，贏的那一方睪固酮仍舊會上升，輸的那一方則會下降，這似乎說的就是「勝者為王、敗者為寇」，透過競爭，產生權力階層的高低水準，權力階層高的人睪固酮會偏高，權力階層低的人則會偏低。

皮質醇是幫助人應對壓力的賀爾蒙，一般情況下，我們的皮質醇都會維持在一個偏低的水準，而一旦承受壓力、生活不規律、營養不良，皮質醇就會偏高，皮質醇長期偏高的後果，就是讓我們變胖、煩躁、骨質疏鬆、高血壓等等，這也就意味著一個自信者的睪固酮應該是偏高，而皮質醇該是偏低的。

過去有過一些實驗，證明僅僅做一些動作就能夠改變情緒和認知，比如刻意保持笑容能提升愉悅感，駝背會產生低落感。以下這個實驗就從腦科學角度提供了證據。

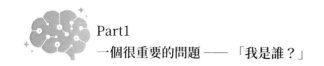

實驗把被試隨機分成了兩組，讓 A 組的人維持下面這樣的的高權力姿勢。

讓 B 組的人維持下面這樣截然不同的低權力姿勢。

結果發現，做出高權力姿勢的 A 組睪固酮顯著上升，皮質醇顯著下降；相反，B 組睪固酮顯著下降，皮質醇上升。也就是維持一段時間的高權力姿勢，能夠增強自信並具備一定的抗壓力，而維持一段時間的低權力姿勢呢，自信下降，壓力感倍增。

為了驗證這種反應變化適合運用到日常生活中，實驗設計了職場面試的場景，面試開始前同樣隨機挑選出 A、B 兩組，讓 A 組做出高權力姿勢，B 組做出低權力姿勢，還透過一系列設計讓測試者在不知不覺中完成姿勢，接著在模擬面試中讓他們各自闡述自己理想中的職場狀態，他們具體的談話內容是忽略的，比對的是呈現品質，也就是他們的表達是否自信自如，是否能展現出個人特點和魅力。

實驗結果和之前的一樣，自評發現做出高權力姿勢的 A 組比 B 組感到更自在。專業評審的複雜評定也顯示，A 組的呈現品質更好，更自信更淡定。

所以，無論是要登臺講話、還是要開會發言，又或是要做專案展示了，即便是和客戶商談前，比起不斷思索「等會我要這麼說……那樣講，一二三四點得清晰明確」，讓自己焦慮，倒不如站起來伸伸懶腰，張開雙臂做幾個擴胸運動，提升自信，才是成功的關鍵因素！

2. 外形打扮

內在美固然重要，但別總對「這是個看臉的世界」如此嗤之以鼻，任何人的髮型、膚色、五官、衣著都會給別人形成首因印象，既然首因印

象多源於第一面的視覺感受，提升自己的形象也就能提高別人對你的印象分，印象更好了，認同感也就更容易出現了。想來，你若是見到一個外形邋遢的人，你的第一感覺是想遠離他，還是和他親近？沒有誰願意或說有義務透過一個不得體的外表去挖掘這個人的內在美。

其三，追本溯源，改善內心狀態。

舒淇回憶小時候，說：「我媽媽說，怎麼會有人長得像你那麼醜！」她很清楚自己的樣貌並不突出。周杰倫曾經也是一個自卑的單親小孩，孤獨、內向、寡言、叛逆，父母離婚後他更加孤僻，不愛講話，玩伴不多，常常只和外婆家的大狗玩。

但後來，舒淇從三級片女星轉型成為影后，成為傳奇般的存在，周杰倫在華語樂壇的影響力不可比擬。

到底是什麼讓人自信？

1. 榮譽未必能讓你自信

阿輝說大學畢業時，他總共獲得幾十份榮譽證書，從獎學金證書到優秀班級幹部證書，從論文獲獎證書到優秀畢業生證書。總之，就是很多證書，當時覺得是很了不起的事。可其實那些證書除了自己和爸爸媽媽從頭到尾認真看過一遍，就沒別人翻過了。

當年剛剛畢業開始找工作時，他急切地想讓面試官看看那些證書，好證明自己有多厲害，可面試官只說了一句：「在我們這裡，拿多少證書不管用，我們看重能力。」面試官的一句話讓他信心全無，因為當時的他把信心都寄託在了這些榮譽證書上了，他認為那是他能力和才華的全部證明。

2. 追求完美未必能讓你自信

　　越是想盡可能做好每一件事情，就越是會感覺，怎麼努力都難達到內心的標準，完美主義可能會導致拖延、自我批判、壓力變大，甚至不敢嘗試。越想完美，也越說明害怕缺點被發現，害怕暴露弱點。這個時候就需要進一步搞清楚，怕的具體是什麼，弱點和缺點又是什麼，也許一些心結源自童年時期的經歷，或者源自原生家庭，這些內在的挖掘就需要藉助專業人士的幫助了。

3. 和別人比真的未必能讓你自信

　　《科學》（*Science*）有過一篇報告，說的是財富的相對差距比絕對數目更能刺激大腦涉及獎勵的那塊區域。這就是為什麼有些百萬富翁、千萬富翁幸福感低下，因為他們會把自己和億萬富翁比較，比較後發現總差那麼一大截。

　　要想透過和別人比較來獲得優越感，還不能向上比，和比自己厲害的人比，感覺一定不妙，非得向下比才行，也就是只能跟那些在某方面比你差的人比，「比較是偷竊喜樂的竊賊」說的對，向上比，不爽！可向下比，就能判斷自己是出色的、成功的、富有的了嗎？

　　人總有某個部分比別人好或比不上別人 —— 形象、邏輯能力、表達技巧、溝通能力等等。最好的比較，是拿今天自己的能力和成績，和上個月或去年的作比較。

　　自信來自人的內在成就動機，所謂的內在成就動機，指的是那些可以讓人產生滿足感和成就感的內在想法，比如追求卓越、實現自我價值和幫助他人等等。這些內在的成就動機與金錢、獎勵等等外在成就動機不同，外在成就動機不具有持續性，只能為人提供短暫的成就感和奮鬥目標，而

內在成就動機可以在很長的時間內為人指明前路，讓人在長時間內獲得成長，變得更加優秀。

內在的成就動機就像是引擎，供給人在人生道理上疾馳的動力，幫助人找到前行的自我節奏。這些內在成就動機不易摧毀，它可以是人為之一生奮鬥的目標，也可以是人一生所背負的內在使命，是人存在於世間的意義。

怎麼感受內在成就動機？

尋找並確立一個目標，走出舒適圈，專心投入，不再過度自我關注。

不自信的感受，或說自卑的感受，很有可能是因為空餘時間太多，再說白點就是你閒得慌，沒有目標，沒有興趣和熱愛，不能投入工作和生活，平日裡不考慮如何把專案做得更漂亮，不考慮如何提高和客戶的溝通效率，不考慮和朋友怎麼度過相聚的時光，無所事事的生活狀態自然是「目中無人」只有自己的，這樣的人就容易產生空虛感，會越發覺得自己成就感低，越來越不自信。

不要把時間用在告誡自己「我要自信！」上，缺什麼就會刻意強調什麼，總想著「我要自信」，無疑是在給自己心理暗示，暗示「你呀，其實就是不夠自信，你還是自卑！」。

確立目標，動起來，當真正投入一件具體的問題，一件熱愛的事情，也就忽略了自信與否這件事，忽略了「別人」。勇於嘗試新鮮和突破，專注而投入，展示能力，就可以收穫成功，獲得滿足感和價值感，有了自我認同，這樣的自信是由內而外散發出來的。

Part2
別讓情緒問題成為你的職場死穴

　　無法戰勝內心衝動的魔鬼、總是感覺焦慮、動不動就火冒三丈、想吵架……如今，隨著生活節奏的加快和生活壓力的增強，身處職場，許多人總是陷在情緒的泥淖裡無可自拔。如果我們不能及時走出情緒死穴，不能合理應對情緒，我們的職業生涯就勢必會受到影響。

2.1
衝動是怎麼成為魔鬼的？

情緒，就像是我們生活的影子，每一天，每一刻，每個瞬間，我們幾乎都與它相伴，感知著它的溫度。

比如，當某個一直與你爭鋒相對、搶你客戶、破壞你專案的同事開著新買的那款你心儀許久的車子，從你身邊吹著口哨炫耀著、一腳油門揚長而去時；當你工作中出了差錯，那個常常應酬結束了就叫你去買單的頂頭上司對你落井下石時；當你無論如何努力，都得不到同事、主管的肯定，反而總是被挑刺時……

當你遇到困難需要幫助，那些平時稱兄道弟、兩肋插刀的朋友卻推三阻四不見人影時；當你忙碌一天，拖著疲憊不堪的身體回到家，卻要面對疑神疑鬼的愛人翻查手機時；情緒似乎就像是終其一生都逃不脫的「心魔」一樣，但其實，正因為有了情緒，我們對世界的感知，才更為深刻。遺憾的是，大多時候，人們對情緒的認識和理解其實是不準確的。

通常，我們會把情緒簡單的劃分為愉快、難過、高興、生氣、焦慮、恐懼等。事實上，情緒的種類五花八門，除了這些我們可以叫出名字、可以形容的，還有很多是我們無法形容、無法表述、無法言傳的。

除此之外，我們對於情緒的另一個困擾是不懂如何與之和諧相處。生活在這樣一個快節奏的時代，我們的生活幾乎每天都被各式各樣的忙碌充斥著，忙於進修學習、忙於工作賺錢、忙於戀愛生子，所以，我們沒有時間理會情緒，沒有精力觀察情緒，沒有心思處理情緒，更沒有能力控制情

緒。我們總是任由內心那些不安分的小感受、小衝動橫衝直撞，於是，就有了衝動的魔鬼。

　　問題是，衝動究竟會給我們的生活，帶來怎樣的顛覆呢？或許下面的這個小故事是個很好的說明。

　　《史記・楚世家》裡有這樣一個故事：春秋戰國時期，吳國的小城卑梁和楚國邊境鍾離雞犬相聞，是接壤的兩座城，按照今天的地理劃分，一個相當於安徽的石樑，一個是安徽鳳陽。

　　有一次，卑梁和鍾離的兩個女子採桑葉相遇了，卻因為一點小事發生了口角。兩個女孩的家人聽說後，紛紛跑過來聲援，先是相互指責，然後大打出手，結果出了人命，卑梁的人被鍾離的人打死了。

　　事情發生後，卑梁的百姓氣憤不已，為了洩憤，守城的長官甚至還帶領大兵攻擊了鍾離。再後來，這件事報告到了楚王那裡，楚王聽說鍾離遭到攻擊，怒不可遏，很快就調撥軍隊，攻占了卑梁。而楚王的這次出兵，正好給了對楚國領土覬覦已久的吳王進攻的理由。吳王當即派公子光率領大軍進攻楚國，並拿下了鍾離和楚國的另一重要城池。

　　原本是兩個女孩吵嘴，卻因為衝動，導致了事態的失控，這就是歷史上著名的「卑梁之釁」。如今，「卑梁之釁」也常常被用來諷諭那些因無謂的小事而引起的爭端和殺戮。

　　透過「卑梁之釁」，我們可以窺探到衝動的巨大破壞力和影響力。那麼，衝動究竟是怎麼產生的呢？面對最原始的情緒，我們又應該採用怎樣的姿態積極應對，減少它對我們生活的負面影響呢？或許腦科學可以幫你。

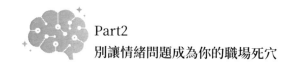

腦科學解讀：為什麼我們會衝動？

　　人是情緒的動物，因為人有各種情緒，有積極情緒，也有消極情緒，比如憤怒、焦慮，比如衝動。事實上，衝動本不是個壞傢伙，消極情緒的產生本也不是壞事，更不是人的過錯，而是大腦進化的結果。

　　著名的「三位一體的大腦」假說，按照進化的先後將大腦分成了舊腦（爬行動物腦）、情緒腦（古哺乳動物腦）和理性腦（新哺乳動物腦）三大部分，作為人類不同進化階段的衍生產物，按照出現的先後順序，這三個部分又依次覆蓋疊加，形成了人腦的「三位一體」構造。

　　其中，舊腦是最先出現的，它主要負責處理我們的身體活動，讓我們產生最原始的生理反應。比如，當我們看到猛獸出現在眼前，就會本能地害怕；當我們不吃飯，就會本能地感覺到餓；當我們不睡覺，就會眼睛酸澀，不由自主想閉眼，當摔倒了，就會本能的感到疼痛等。

　　其後出現的是情緒腦，主要作用是決定我們的情緒反應，像喜、怒、哀、樂等。比如，對那些幫助了我們的人，我們會本能地充滿感謝；對那些傷害了我們的人，我們會本能地產生厭惡和報復情緒等。

　　最後出現的就是理性腦了，是我們大腦的最高層，也是理性思維所在的地方。理性腦的主要作用是用來接受資訊，並且過濾資訊和思考，幫助我們做出理性的判斷。

　　「三位一體的大腦」假說提出這三個部分就好比三臺擁有獨立智慧、主體性、時空感和記憶的互聯生物電腦。一方面，它們各自透過神經與其他兩個大腦相連，另一方面，它們也擁有自己獨立的系統，能分別發揮作用，各司其職。

　　在這三個大腦腦區的影響下，當一件與我們有關的事情發生後，我們

會在短時間內對這件事情產生不一樣的、層層遞進的感受和反應。比如，當我們被路人狠狠撞了一下的時候，我們首先的反應就是會感覺到痛，而後，我們會不由自主地產生憤怒，和被侵犯後有防禦進攻的衝動，最後，我們才能理智地看待這件事情。

這是因為刺激首先到達的是舊腦，原始的舊腦就會指揮人的原始感受，痛、躲、憤怒等等，也就是說，大多數時候，我們對某件事的第一判斷和決策，其實都是不理性的，這也是造成我們衝動行事的根源。

人說「衝動是魔鬼」，是因為衝動確實會闖禍，但衝動這樣的消極情緒，其實也有積極作用！

積極情緒讓人快樂，比如貼心的同事、貼心的愛人、獎勵獎賞、美食美景等等。消極情緒呢？其實從遠古開始，消極情緒的積極作用就有所展現，消極情緒是我們面對危險時給自己的警示訊號，比如遇到野獸了、被植物的刺扎到了、被凍到了或被燙到了，到了現在，遇到棘手問題了、溝通無效了，或是前面車子冒煙了、遇到奇怪的陌生人了，這些情境下消極情緒就會出現，它的出現是在提醒著我們「喏！可能有危險，你要注意了！」

消極情緒的出現，是要引導我們遠離帶給我們這些情緒的事物情境，或者提醒應對可能的傷害，提醒要注意處事方法、要調整措施，或是要注意安全、注意健康。也就是和積極情緒一樣，消極情緒的存在同樣是為了保障生存、安全和發展。

被檢討了、丟客戶了、被陷害了、丟東西了，都可以有消極情緒，首先要允許自己有消極情緒的出現，允許自己會生氣、會焦慮、會憤怒，同樣的，允許自己會衝動，告訴自己「這些都是正常的反應！」

接受，才能正視，正視衝動，正視消極情緒的與生俱來，不去一味克

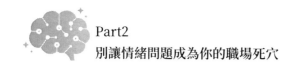
制或視若無睹。問問自己，你是在什麼情況下有衝動反應的？你希望達到的目的是什麼？這個目的有什麼樣的意義和價值？有哪些途徑可以達到你要的目的和效果？

衝動的一面是魔鬼，讓人失去理智與癲狂，給人帶來困擾，但不可否認的是，這個世界之所以會有今天的模樣，缺不了衝動的另一面，它其實也是「斬釘截鐵」、「剛毅果敢」和「當機立斷」的代名詞，它讓人充滿激情熱情和創造力爆發力。

情緒讓我們的生活更加真實、更加鮮活，如果人生缺乏了情緒的點綴、缺乏了喜怒哀樂，那我們和程式設計的機器人又有什麼區別呢？情緒是一種神奇的存在，它來源於我們，干擾著我們，也受控於我們。只有當不畏懼情緒，將情緒當成老朋友，了解它並與它和諧相處，我們才能具有良好的情緒管理能力。

2.2
那些會控制情緒的人，都怎麼應對衝突？

生活中，你是否有過這樣的體驗：

某個工作日，你辛辛苦苦做出來的企劃案被同事輕易盜取了，你氣急敗壞找對方去理論，一場衝突就不可避免的發生了。

某個假期，你回去看望父母，卻又被催婚了，於是，話不投機半句多，一場原本溫馨的聚會被衝突替代了。

某個週末，你和愛人準備外出吃飯，卻因為地點選擇發生了分歧，於是，各持己見的你們互不相讓，衝突不斷升級……

人和人之間要相處，自然也就會有摩擦，衝突在所難免，尤其爭吵，爭吵是生活的一種常態，無論是在職場上，還是在生活中，無論是面對親人、愛人、朋友還是同事，甚至陌生人，我們都擁有過因為觀念的不同，或者利益的紛爭，而與對方發生衝突的經歷。

有意思的是，一提到爭吵，大部分人腦海中浮現的第一印象便是女人，似乎女人與男人相比，天生就具有吵架的基因，天生就更愛吵架，也更會吵架。這種說法有待考證，但有一點可以肯定的是，男人和女人對於吵架的態度，的確不同。

大多數情況下，女人比男人更具溝通欲望，女人比男人話多，這當然也和大腦狀態的不同有關，比如女人大腦中負責語言的蛋白質比男人多。就有研究發現男人一天大概要說 7,000 字，女人要說 20,000 字，這就意味著，和男人比起來，女人天生就更愛說話，更具傾訴欲。

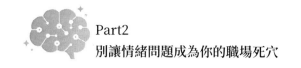
從生理和心理的角度看，男性對消極情緒的感知能力比女人弱，而體內生成調節情緒的某些激素又比女性要快，所以和女人比起來，男人吵架的「起始點」要更高。

從進化的角度看，在遠古時代，男人所承擔的工作主要是狩獵和戰鬥，這也就意味著，比起女人，男人需要有更高的專注力和更低的消極情緒喚醒力。

基於以上三方面的原因，在現實生活中，我們常常會看到，當一對男女發生爭吵時，女人往往喋喋不休、怒火中燒，而男人卻早已偃旗息鼓，甚至根本就沒有進入過戰爭的狀態。

在大部分人的觀念裡，衝突和爭吵並不是一件好事。因為人的激惹模式一旦被開啟，就很可能會變得六親不認，會隨手掏出最具殺傷力的武器四處亂射，傷害別人也傷害自己。在爭吵中，平時再低調優雅的淑女也會變成潑婦；再溫文爾雅的紳士也會變成混蛋。問題是，即便是明白了爭吵的殺傷力，很多人依然還是會控制不住地爭吵。

比如，小吳便是一個對衝突和爭吵深惡痛絕卻又控制不住自己情緒的人，大家都知道他是個行事冒冒失失的人，在部門內，工作時如果遇到不爽不順了，他基本不會忍耐，直接劈頭就和同事、客戶爭起來了「你這事情不能這麼做的啊！你這樣處理，我怎麼辦呢？」、「你那個客戶下單了，我們照做就是了，這其餘的變動這麼頻繁，不是我這裡分內的事，我不好安排啊！」

在家，尤其對著太太，他更是壓不住壞脾氣，動不動就發火，起初，太太還能忍著、讓著，次數多了，太太的耐性便消磨光了，夫妻間常常因為一些雞毛蒜皮的小事吵架，雖說，夫妻之間床頭吵床尾和，但吵的頻率太高了，感情還是會受到影響。

小吳說，他很想改變自己一不順心就開罵的狀況，卻又不知道究竟該怎麼做。

與小吳不同的是，生活中還有另外一種人，他們幾乎從不與人發生衝突，不跟任何人爭吵，比如小飛，害怕衝突，害怕矛盾的他，無論在職場，還是在生活中，始終小心翼翼，壓抑著、克制著、忍讓著，將自己內心那頭想要爭吵的小野獸緊緊拴住，不給牠任何開溜的機會。

於是在同事眼中，他是溫順、良善、好說話的老好人，是女朋友眼中克制、忍耐、包容的完美戀人。可是這樣的他，卻背負了太多的情緒負擔和心理壓力，常常感覺透不過氣來，有一種說不清、道不明的累，總覺得「被掏空了」一樣。

在生活中，擁有和小吳或小飛一樣困惑的人有很多，有的陷在壞脾氣中不可自拔，任由爭吵將彼此間的距離拉遠，有的害怕爭吵，總是小心壓制著自己的情緒，活得疲憊至極。

問題是，這都是怎麼產生的？為什麼有的人就脾氣火爆似乎看什麼都不順眼，而有些人就能為了避免衝突而委曲求全、唯唯諾諾？衝突是怎麼產生的？這些截然不同的感受和反應又是怎麼產生的？

腦科學解讀：衝突產生的原因是什麼？

我們與人發生衝突的原因，一是希望保持一定的關係和距離。

即便是和陌生人有衝突也一樣，當你和陌生人之間的平等關係被打破了，當你和陌生人之間的距離，在你不情願的情況下被拉近了，你和陌生人就容易起衝突，出發點是為了和對方調整關係、保持距離。

更多的時候，衝突的發生是因為我們的某個真實需求沒有得到滿足、某種真實感受沒有得到理解和接納，所以說「生氣是因為在乎」，不無道理。

　　日常生活中衝突很常見，比如，你希望透過企劃案讓上司看到你的能力，卻因為同事的竊取，讓一切化為泡影，所以你會和同事產生衝突，發生爭吵；你之所以沒結婚，或許是因為你信奉不婚主義，又或者你還沒有遇到合適的人，可是父母卻不理解，於是，你便會與父母發生衝突，發生爭吵；當與愛人意見相左時，其實你更希望獲得對方在情緒上的支持、遷就和包容，可是愛人非要堅持己見，跟你分辨是非「講道理」，諸如此類的情境下，我們內心衝突的潘朵拉盒子便被開啟了。

　　生活不是童話，作為凡夫俗子的我們，幾乎每一分、每一秒，都不得不面對打結的情緒。你，我，他，職場，工作，生活，這些錯綜交叉的網路中，總是埋藏著太多的地雷，一不小心，就會成為我們情緒的爆炸點。

　　想想我們拿獎了、中獎了、戀愛了，總之心情爽朗的時候，會覺得即便這個路口的綠燈錯過了，要等等也無所謂，下一回綠燈到了還是第一個出發的呢，整個人都特別寬宏大度，遇到別人犯了小錯，「沒關係的，以後注意就好了！」

　　可若是心情不好呢？「哎呀，都怪前面那車太慢，差一點就過去了，這路天天塞、天天堵，汙染又嚴重，真夠煩躁的」，因為不爽不快了，空氣是汙濁的，別人是沒水準的，同事是自私的，愛人是蠻橫的，父母是固執的……

　　也就是，容易激動上火，容易生氣憤怒的人，或說容易和別人發生衝突的人，大多是內心已經存在著衝突了。

　　這是與人產生衝突的原因之二，自己的內心堆積了衝突。

　　內心有衝突，累積了憤怒，沒能夠及時處理和排解，更可能是自己都還沒有意識到內心有衝突造成壓力了，更遑論合理處理了，這些內心的衝突就一定會作用在這個人的狀態中，蔓延並影響他和外界的關係，也就

是，當我們的內心狀態不平靜，焦慮、矛盾、有衝突了，我們的周邊環境也會充滿不穩定的關係和不和諧的因素。

這些內心的衝突和憤怒可能已經存在一些時日了，它也許源自原生家庭，也許是人遭遇的一些壓力事件，又也許是人在自我掙扎，比如不滿自己和現狀等等。

小吳在同事們的眼中如同一個「未爆彈」，只不過他還是個老實人，所以大家也就包容了，他總是會說「別問我中午吃什麼啊！就那點薪水，能吃什麼呀，吃西北風咯！」、「負責專案，沒日沒夜地做，也沒得到好處，都不知道做來幹麼！」

雖然，他並沒針對誰，可讓人聽了就是不太舒服，因為他的情緒就是消極的，其實是小吳一直對公司的薪酬制度不滿意，恰逢上一輪升遷，自己沒有機會上升，無緣升遷也不能加薪，於是內心積怨已久「我幹了這麼多年，沒功勞也有苦勞，更何況我功勞也不少，憑什麼升遷沒我的份？」越想心裡越不爽，越想越焦慮越憤怒，於是看這看那都不順眼，整個人就是個行走的消極情緒包。

如果時常感覺心中有怒火，時常有脾氣需要發洩，尤其是時常覺得別人有問題，這時候就需要思考自己的問題了，思考在和別人的關係裡，扮演了一個什麼樣的角色，尤其需要思考的是，自己身上究竟出了什麼問題，相信我，當總是看別人、看世界不順眼，自己內心一定有衝突。

那麼，溫順良善的小飛呢？他幾乎從不與人發生衝突，不跟任何人爭吵，害怕衝突、害怕矛盾。

小飛是在父母的爭吵中長大的，在他的記憶中，家裡但凡能摔的、能扔的，都成為了父母吵架時互相攻擊的武器，有時候，父母之間的這種無休無止的爭吵，還會蔓延到無辜幼小的他身上，比如，氣極的父親、母親

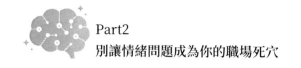

會衝他大吼：「看什麼看，還不去寫作業」、「我怎麼生了你這樣的孩子！都是因為你，我才不得不過這樣的生活！」

後來，小飛的父母離婚了、解脫了，可是「吵架」卻成為了小飛無法擺脫的夢魘，讓他隱約覺得父母之間的悲哀都是他的錯，都是因為他不夠好，所以他的家庭才不幸福不快樂，於是往後，每次遇到事情，他寧願咬破嘴唇、寧願往自己手臂上刻字，也不願意說出來。在很長一段時間裡，小飛的通訊軟體簽名都是：「我有一個悲慘的童年。」

原生家庭對一個人的影響是深遠的。因為受到了父母吵架的影響，在成長的過程中，又沒有及時調整，小飛養成了面對矛盾刻意躲避、忍氣吞聲的習慣。他害怕衝突，其實是擔心衝突會讓自己更不可愛，更不值得被愛，擔心會給自己帶來糟糕的處境，尤其怕無法面對和應對那樣的處境。

在職場中，小飛是一個不懂得拒絕的老好人，在愛情裡，他讓自己低到塵埃裡，處處忍讓沒有自我。這樣的小飛，始終覺得自己是個沒人要沒人愛的人，也一直感受不到快樂。

一個害怕跟別人發生衝突的人很可能認為自己不該和別人發生衝突，不該和別人唱反調，不該讓別人生氣，他內心認為一旦發生這些事情，一定是自己的錯，是自己不夠好。可是一味地隱忍與壓抑，對於建立關係和個人成長都有消極意義。很多時候，沉默的殺傷力比衝突更大。

為了避免衝突，他主動犧牲自己的利益，不發表意見，保持沉默，以求得和別人的和諧一致，長此以往，在組織中、集體中，小飛就逐漸喪失了話語權，甚至沒有了表達和爭取的資格，因為別人都認為他不在乎，別人也都習慣了他的無聲，他就像是個不存在的存在，以至於他偶爾的發聲，別人會輕視或直接無視，只在一些需要老好人出面的時候，他才會被想起來，結果自然就是價值感低、存在感弱。一邊小心翼翼地壓抑，想表

達卻要壓制，一邊是想證明自己卻又無力，雙重壓力下，小飛自然感覺像被掏空了一樣，有一種說不清、道不明的累。

其實，人際衝突是人際關係中的常態，健康和諧的人際關係也不可避免會存在衝突，因為人和人相處少不了磨合，要磨合就會產生衝突，共事過程中觀點和觀點的相遇時，也會產生對立衝突，只不過，這些衝突存在的意義是為了讓關係更和諧，讓事態更理想。

衝突其實是門藝術，用好了、用對了，可以達到提高效率的目的，更重要的是，在這個過程中，衝突雙方一定得清楚衝突的原因和目的。

害怕衝突，是對「衝突」的認識有誤，例如把發表不同意見，會讓別人不滿就會影響自己的能力價值，這三件事情關聯起來。

每一個人都是獨一無二的，有各自的成長環境和精力，也就形成了各自的認知框架和行為模式，每個人也都有表達自己感受和意見的權利，所以發表意見本就是合理權利。

至於讓別人不滿，要麼是別人也對「衝突」認識有誤，要麼是衝突過程中的表達不妥，比如表達時引發了敵意或攻擊，表達變成了吵架，這種情況下情緒就喧賓奪主，搶了資訊內容的分量，資訊接收方感受到的也就是強烈的情緒，他也就會被情緒帶跑了、忽略了表達的內容，繼而產生新的敵意和攻擊，這就導致不良衝突產生了，雙方甚至開始扯著嗓子謾罵，夾雜著人身攻擊，還可能會掄起拳頭。

最後，若是進行了合理恰當的表達，卻引發了別人的不滿，那也就是別人的認知存在問題，問題在別人身上，與你的自我價值有何關聯呢？

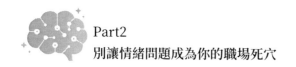
2.3
控制情緒，要懂得等一等、靜一靜！

　　某天的尖峰時段，你像往常一樣擠在人貼著人的公車裡，突然，車子猛一晃，人群隨著慣性也跟著晃，冷不防，你的左側後背被人狠狠頂撞了一下，更讓你不爽的是，這個人居然就這麼頂住了你的背，讓你的身體不得不歪著，腿無法受力，還要動彈不得，你很想提醒一句，卻連張嘴的力氣都懶得耗，而且眼看就快到站了，想著就忍忍算了。可是，隨著車子不規律的搖擺，頂著你那人的力度也時強時弱，讓你很不舒服，你吃力地想移動身體，沒成功，你咳嗽了幾聲，試圖提醒對方，可對方卻不為所動。

　　擠在空氣汙濁的車廂裡，原本就有一股無名火憋在心裡，但你仍然克制著，要下車了，你煩不可耐地準備跟這個反應遲鈍的陌生人打個招呼，隨著人群的鬆動，才發現頂住你的是個大書包，揹背包的是個帶娃娃的年輕母親……

　　那一瞬間，你原本煩躁氣憤的心情瞬間就釋然了，甚至，你在心裡還會有那麼一點小僥倖，還好自己沒有開口就罵。

　　以上描述的，便是我們在生活中時常會經歷的一種情緒體驗。事實上，這也是一種高情商的展現。當我們的內心因為感覺被侵犯、被傷害而不舒服時，卻能夠「延遲發洩」，懂得靜一靜、等一等，讓感性等一等理性，而不是讓憤怒一洩而出，這就是一種良好的情緒管理能力。

　　大哲學家蘇格拉底的妻子是出了名的悍婦，潑辣、蠻橫，動不動發脾氣、扔東西，有時還對蘇格拉底破口大罵、動手動腳。有一次，蘇格拉底

在家裡為學生講課，妻子突然跑過來大聲嚷嚷：「你整天講這些沒用的東西幹什麼，快點給我打水去。」

現場頓時安靜了，蘇格拉底沒有發火，他沉默以對，妻子見丈夫無動於衷，違抗自己的命令，生氣發飆，索性開始大吵大鬧，蘇格拉底只好帶著學生打算離開，誰知剛走到門口，一盆水潑到蘇格拉底身上……大家以為，這次老師肯定會大發雷霆，誰能忍受這樣的汙辱呢？但讓人意想不到的是，蘇格拉底只是輕鬆地抹了抹頭髮，然後戲謔地說：「我早就知道，雷電過後一定會下場大雨的。」妻子和學生都不由得笑了起來。

還有一次，夫妻倆在大街上吵起來了，急躁的妻子一下子扯掉了蘇格拉底的外套，路人見了都憤憤不平，但蘇格拉底呢？他嚴肅地對路人說：「打老婆不是大丈夫所為，不就一件外套嗎？脫了正好可以涼快涼快！」

美國前總統林肯（Abraham Lincoln）的夫人瑪麗·陶德（Mary Todd），也是這麼一位「著名」的妻子，據說是美國歷史上最不受歡迎的「第一夫人」。一次用餐席間，不知林肯的哪句話惹怒了瑪麗，她突然氣憤地拍桌而起，端起熱咖啡就朝林肯潑去，在場的人無不看得目瞪口呆。

試想一下，如果這場景發生在我們身邊，做丈夫的會作何反應？換做是你，你又會如何？相信我們中的絕大多數，一定會大發雷霆。林肯呢？只是稍微停頓了一下，然後默不作聲地將臉上的咖啡擦掉，繼續和客人談天說地。

後來，在提到這件事時，林肯淡然地說：「她是我的妻子，誰能比我更了解她呢？如果我的沉默能夠換來她情緒上最大限度的紓解，那麼我何樂而不為？」

事實上，一點就燃、一惹就怒和懂得克制、懂得等待，這兩種反應也代表了我們身邊完全不同的兩類人。不論是在生活中，還是在職場上，這

兩種人都隨處可見，而且，因為性格不同、處事方式不同，這兩種人在人群中的受歡迎程度也不同，前者總是令人避之唯恐不及，而後者卻能人見人愛。而造成這一切的根源，便是情緒管理。

關於更多情緒管理的奧祕，或許可以從腦科學中一探究竟。

腦科學解讀：如何做一個會控制情緒的高情商者？

情緒，來源於自我的內心狀態，也來源於外界的刺激，對生活、事業和身心產生重要影響。能否有效的管理情緒，能否平衡好感性和理性，能否管理好內心深處的天使和魔鬼，是我們每個人都無法繞開的話題，也是判斷我們是否擁有高情商的一個重要依據。

提到情緒管理，就不得不提情緒產生的杏仁核理論。

我們每個人的大腦中都有杏仁核這種組織結構，它屬於邊緣系統，也就是我們大腦中最古老的部分之一，是情緒中樞，掌管本能的情緒反應。在大腦的最外層，還存在一種叫大腦皮質或者大腦皮層的神經細胞體，是理性中樞，是哺乳動物隨著神經系統的進化而存在的。人類大腦皮層所具備的抽象思維能力，是人區別於動物的腦功能，大腦皮層為意識活動提供了物質基礎，讓人保持理性。

當受到外界刺激後，大腦中的視丘會把這種刺激透過兩種通路傳遞給杏仁核，一種是一站式直達，另一種是先傳到大腦皮層，有個中繼，再傳到杏仁核。

這其中，一站式直達的通路因為簡單，所以速度快，也因為狹窄，所以運載量低，只能傳遞不到 10％ 的資訊；剩下大約 90％ 的資訊，走的是第二條通路，會到達大腦皮層進行處理，加工梳理之後，再傳遞到杏仁核，速度自然就慢一點，但做出的指令自然是更理性的。

也就是說，刺激到達邊緣系統（舊腦），再到達大腦皮層（理性腦）有段時間差。當遇到某些狀況，我們通常能在極短時間內做出反應，這個反應源於不完整資訊，通常是本能的、不假思索的、衝動的、不恰當的，比如因為被頂撞而產生憤怒和防禦進攻的衝動，這是本能的反應，要經過一段短暫的時間，等經過大腦皮層處理的那部分資訊到達杏仁核後，我們才能做出更理智的判斷，對究竟是否要還口與還手做出理性決定。

所以，至少讓自己安靜 6 秒鐘（時間再長點自然更好），因為這 6 秒的時間差，足以引發一場暴風雨，比如 6 秒可以踢人兩腳、揍人兩拳，可以說出 20 至 30 個字的刻薄話等。稍微冷靜一下，至少 6 秒之後，你就能明白自己到底該怎麼做了，就可以避免節外生枝了。

在這 6 秒鐘裡，你可以完成以下步驟：

1. 在心裡默默告訴自己，放鬆、放鬆、鎮定、鎮定。
2. 放慢並保持慢速的深呼吸，慢慢深吸，再慢慢深呼。
3. 讓目標離開視線焦點，可以移開視線，或是短暫閉眼，當然了，更好的辦法是轉移環境，就是乾脆走開。
4. 短暫平靜之後，再開口說話或者做出行動。

無論在職場還是在生活中，憤怒支配下，我們常常會做出一些衝動的舉動，比如出言不遜、大打出手等，這些反應往往是本能的、盲目的、沒有經過理性思考的。再遇到一些令人憤怒的事情，或者受到了某些不良情緒的刺激，不要立刻做出反應，明智的做法是等一等、想一想、做一做深呼吸，先讓自己冷靜 6 秒鐘，能夠更輕易得走出情緒的衝動區，遇事冷靜 6 秒，再做出相應的行動，避免因情緒失控而影響判斷和決策，做出悔不當初的決定。

2.4
職場焦慮，真是因為你不夠優秀嗎？

　　時不時就會收到這樣的留言：「感覺這份工作做得不開心，可又沒有更好的選擇，不知道該怎麼辦……」、「不知道以後會怎樣，好迷茫，怎麼辦？」、「經常覺得累，覺得壓力大，其實也沒幹什麼……」

　　艾倫原來在報社，起早貪黑上班擠捷運，下班擠在小套房，通宵寫文章找選題，他說那樣的生活真是過夠了，於是換了工作，去當老師，有了寒暑假可以放，但還是抱怨累、煩悶、有挫敗感，他自己也說不清楚，生活似乎比原來輕鬆了，朝九晚五按部就班，可就是覺得心裡沒底似的，莫名其妙的累。

　　小 A，大學畢業那年給自己定下一個三年計劃 —— 在類似 Google、知名電商這樣的大企業裡找一份工作，拿到一份體面的月薪。然而，理想豐滿，現實卻很骨感，七年過去了，當初的那個三年計劃成為一紙空文，如今，小 A 在一家普通公司做著普通職員，過著慢節奏的生活，她懶得爭取，懶得學習，尤其是結婚生子之後，更是安逸得很，懶得改變。

　　直到半年前，她備受刺激，因為看到當初起點一樣的同學們，這幾年似乎都已經過上了更好的生活，買房買車，而自己還拿三萬多的薪資，這心理落差讓她對自己充滿了內疚，陷入了「職場焦慮」，深覺自己不夠優秀，越來越脆弱敏感。

　　即便是在著名網際網路企業裡月入幾十萬的小李，也受到了焦慮的困擾，公司在產業界的影響力數一數二，福利好、氛圍也融洽，同事們都很

有自豪感，可她總是感覺生活不起勁，平淡中竟像溫水煮青蛙似的，想起最早入職時的一腔熱血和雄心壯志，現在有種說不出的滋味，外人看她和她所在的公司是各種羨慕，可她呢？焦慮。

其實，仔細想想，我們每個人身邊都有無數這樣的艾倫、小 A 和小李，隨著生活節奏的加快和生活壓力的加大，如今，職場焦慮已逐漸成為一種相當普遍的職場心理疾病。

不妨回顧一下自己的職場生涯，在工作的這些年裡，有沒有某個時期，或者某個瞬間，你曾經產生過某些症狀，比如莫名其妙的煩躁、鬱悶，總是感覺累、恐慌緊張，甚至整夜失眠等，這些都是職場焦慮的典型表現。

有趣的是，有研究顯示，職場焦慮雖然同在職場發生，但男女有別。根據丹麥一位心理分析師在 5 年裡對 4,133 名職業人士的追蹤調查，發現在職場中，男性更擔心被老闆解僱，而女性則更擔心在工作中得不到認可，被同事孤立。

從傳統觀念角度來看，男性是家庭的經濟支柱，工作不穩定就意味著收入得不到保障，這會給男性造成巨大的心理壓力，進而對職業發展產生焦慮；女性呢，現代女性更希望在工作中能發揮價值，獲得更多薪資，使自己經濟獨立，獲得更多認可，使自己精神獨立，因此職場環境因素，比如同事間的人際關係問題，工作效率和品質的表現及評價等等，更容易給女性帶來職場焦慮。

當然，不論女性還是男性，職場焦慮都會產生一些負面影響，比如注意力無法集中、心神不寧、失眠等，嚴重的，甚至還會損害身體健康，打亂我們的生活和工作。

那麼，在日常生活中，我們應該如何應對無處不在的職場焦慮呢？關於這個問題，或許，我們還要從職場焦慮產生的原因說起。

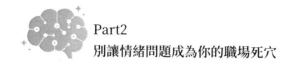

腦科學解讀：誰來解救職場焦慮的我？

職場焦慮，也是一種消極情緒，是一種最原始的防禦機制，沒有焦慮，小動物就會淪為猛獸的口中餐，沒有焦慮，人類社會不會有飛躍發展。

焦慮是情緒中最常見的表現之一，和焦慮症不一樣，焦慮症需要心理醫生的診治和藥物的治療，我們平常提及的焦慮，是普遍存在的焦慮情緒。職場人感受到的焦慮，既有每個人與生俱來的焦慮，像生存焦慮、死亡焦慮，也有成就焦慮，也正是因為這個成就焦慮，我們才更有動力去追求目標、實現自我。

有過這樣一個實驗，A、B 兩組測試者被安排在不同的房間，進行相同的工作，房間裡都播放一定頻率和干擾力的噪音。不同的是，A 組的房間裡有一個按鈕，按下按鈕，噪音就會停止一段時間；B 組的房間沒有這個設定。結果是 A 組的測試者，基本還能維持工作，但 B 組的人在噪音影響下都無法工作。噪音，是一種導致焦慮情緒產生的因素，A 組勉強能繼續工作，B 組無法工作，區別就在於 A 組房中有一個按鈕，可以對於干擾有一定的控制力，可 B 組的房間沒有。

法國心理學家弗里斯頓（Freeston）設計過一個測量不確定感和焦慮等情緒的關聯程度的量表，認為不確定感和焦慮情緒有密切的關聯，是正相關的關係，也就是當不確定感增強時，焦慮程度就會越高。不確定感源自未知與不公平，不確定、未知與不公平會讓人體驗到失控感和不安感，失控和不安會帶來壓力和痛苦，導致無能行為。

耶基斯-多德森定律（Yerkes-Dodson law）對動機程度和工作效率的關係做了解釋，一定限度內，隨著動機程度的提高，工作效率也隨之提

高，超過這個限度，工作效率隨之降低，無論這個工作任務的難度係數是高的還是低的，動機和效率之間都呈倒 U 型關係，動機程度比較低的時候，焦慮程度也低，這時候的工作效率也不會高，但動機強度到中等時，焦慮程度也處於中等，隨之而來的動力會讓人創造出不錯的工作效率，可一旦動機過強，焦慮程度過高，壓力也就越大，效率反而會降低。

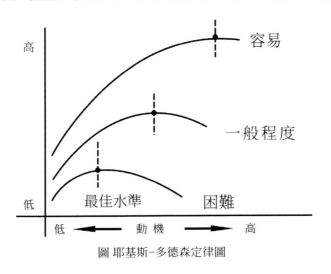

圖 耶基斯-多德森定律圖

動機程度，簡而言之就是需要、需求，是欲望、目的性。

這定律的意思是，動機程度低的人，沒有什麼積極性，也沒太多可焦慮的，工作上也表現平平；動機程度過高了，人也就會處在高壓高焦慮中，容易情緒不穩定，甚至影響記憶和思維能力，工作和生活都會受影響。只有一定的焦慮，一定的壓力，一定的成就動機，能讓人更高效的完成任務。

也就是，動機強度處於中等時，也就是當我們保持在中等水平的焦慮狀態時，工作和學習的效率最高。適當的焦慮會帶來動力和興奮感，人就會有一定的積極性去調動相應的身體機制，完成某項任務。

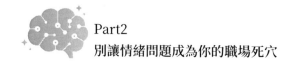
但是，動機強度過低或過高都不好。強度過低，只求三餐溫飽沒什麼其他需求追求時，人們會缺乏完成任務的積極性，工作效率不會高。強度過高，目的性太強、欲望太強了，個體又容易處於過度焦慮和緊張的狀態，記憶、思維等正常的心理活動會受干擾，工作效率也會降低。

職場上困擾人的焦慮，自然是超過適度水準了，這些失控感、不安感，是怎麼發生出現的？原因有三點

第一、思想上的巨人，行動上的矮子

像小 A 一樣的人有不少，工作經驗隨著資歷成長是越來越豐富了，可也沒多大的成就感，雖然各種想法層出不窮，比如想做個專案企劃，或是想經營社群，但總覺得自己無法固定每天產出內容，也正是因為明白「開弓沒有回頭箭」的道理，就總打算「再等等吧，等準備充分了，時機成熟了，再行動」，也就一直停留在紙上談兵的階段。

結果是別人風生水起了，你還在計劃著、準備著，每天依舊重複一樣的工作，慢慢就會開始懷疑人生，尤其在受到了「別人」的刺激後，又滿腔熱情想要努力脫離現實束縛，想學這、學那開展不一樣的生活，想跳槽找份自己更喜歡的工作。有人說「世界上有半數以上的人是愁死的」，有些症狀真的是「想」出來的，譬如焦慮，一個人想太多想太久，又遲遲不行動，就會越來越焦慮。

還有一種想太多的情況，覺得自己是幹大事的，小事看不上，職場新人尤其有這種念頭，認為那些各路分派來的基礎工作是自己發光發熱的攔路虎、擋路石，這些瑣碎的事情可能包括編輯文稿、整理數據等等。問題在於，若是認為自己企劃能力強、創意思維強，是否嘗試過獨力負責起一個專案？若是認為自己文筆好，有沒有寫出一篇讓人讚譽有加記憶深刻的

稿件？認為自己溝通能力強情商高的，又可否和客戶談妥過什麼專案？

　　事實通常是，職場菜鳥們把過多的精力放在了「怎麼能夠飛得拉風」、「怎麼能有面子」、「怎麼能立即上位受人敬仰」，到最後小事做不好，大事做不成。

第二、「理所應當」

　　這種不合理認知是「絕對化信念」的展現。

　　絕對化信念，說的是人以自己的意願為出發，認為某一事物必定會發生或必定不會發生的信念，但其實任何事物的發生和發展都有它的規律和客觀性，不以人的意志為轉移。

　　判斷是否有不合理信念的關鍵詞是「必須」、「絕對」、「一定」、「應該」這類字眼，比如：「我必須要上那個位置」、「我一定要贏得那個專案」、「如果做不到，別人一定會看扁我的」、「那就應該是屬於我的」、「我必須追求完美」、「你不該犯那樣的錯誤」、「他絕不該那樣對我」、「他一定是在想方設法害我」等等，絕對化信念就會讓人陷入情緒困擾。

　　比如追求完美，「追求完美」之所以讓人焦慮，是因為具有完美主義傾向的人，就會以過高的標準要求自己和他人，既然標準過高，自然是自己或他人都難以企及的，結果也自然是不如意的，人就會低落難過，有挫敗感，又或是這標準需要付出極巨大代價才可能達成的，這過程中就會產生高強度的壓力，也就會有情緒困擾。

第三、「天都要塌了」

　　認為如果有什麼不好的事發生了，就是一件槽糕透頂的事，這也是一種導致情緒問題出現的常見不合理信念 —— 槽糕至極。其實任何一件事

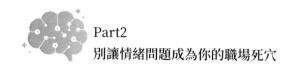

Part2
別讓情緒問題成為你的職場死穴

情都有向著積極方向和消極方向發展的可能性，即便發生了讓自己不愉快的事，如何就會「天都要塌了」？日子就過不下去了？誰沒有犯過錯？誰不是在跌跌撞撞中一路走來的？成功怎麼可能一蹴而就？

不能理性面對錯誤、挫折或失敗，但凡發生點事就感覺天都要塌了，會讓人陷入極端消極負面的情緒狀態中，「那天在同事面前出錯被發現了，完蛋了，太丟臉了……」、「他們那天的說法，明顯是對我有看法，這下糟了，他們合起來排擠我，我還怎麼待得下去？」、「都是因為我的粗心，要是這個專案沒了，我想死的心都有了，我怎麼能這麼蠢」，糟糕至極的信念不僅會讓人焦慮，還會讓人恥辱、自責、難過、憂鬱中難以自拔。

想著「我不能焦慮！」，只會讓人更加焦慮，那麼焦慮了，除了嘗試調整信念和認知，還該做些什麼？

◆行動並專注 —— 尋回安全感

改變光想不做的狀態，行動起來，把需要思考和處理的事件一條條羅列出來，按照著急程度和重要程度排序，再挑選排在第一位的立即付諸行動，並盡可能排除干擾，比如我會保證在給節目腳本或創作文字的幾個小時中，將手機調至靜音，保證不被任何電話和訊息打擾，這幾個小時的高強度工作結束後才對訊息一一回覆，在這樣全身心投入其中的過程裡，人會因為充實而感到踏實，自然不會輕易產生不安感。

◆制定合理目標 —— 尋回控制感

不再做白日夢和追求完美，給自己列一份詳細的目標計劃，目標的完成難度要從低開始定，計劃的時間跨度可以是三天到三週，再到三個月甚

至更長，比如常常想著一週看完一本書卻往往無法實現的，先嘗試訂個三天目標，三天翻一個篇章或是 20 頁的內容。

從完成一個一個小目標開始，完成後尤其要犒賞自己一下，給點獎勵，獎勵的內容還要隨著目標完成的規模改變，比如完成三天計劃了可以吃兩顆巧克力或喝一杯奶茶，完成三週計劃可以看一部電影或和朋友們去唱一次 KTV，完成三個月計劃了可以考慮給自己買件禮物，獎勵是一種強化方式，每一次的獎勵都能讓人感受到成就感和可控感，並強化繼續實踐計劃的信心。

◆ 運動改善 —— 調整生理狀態

透過慢跑、快走、瑜伽、冥想、正念等等的運動，刺激大腦釋放多巴胺、腦內啡等等的愉悅激素，透過改善激素高低，調整身體狀態，引導情緒向積極方向改善。

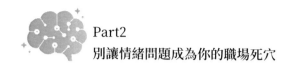

2.5
「小人」是怎麼風光上位的？

孔子有一句名言叫「唯女子與小人難養也」，這句話我只贊同一半，女人未必就一定不好「養」，但「小人」不好相處，這是從古至今絕對不容置疑的事實。特別是在職場中，職場裡的小人真的是防不勝防，而且非常難以辨識。

在職場中，我們大多數人或多或少地都曾被身邊的「小人」中傷陷害過。比如：如果不是他們從中作梗，你會成功簽約那個專案；如果不是他們暗中算計，你不會失去那個獲獎的機會；如果不是他們妒忌心太重，你會過得比現在好……

所以很多人都感慨：職場害怕的不是強大的競爭對手，而是那些卑鄙無恥的「小人」。那麼，本節我們就著重來談談「小人」。

所謂「小人」，就是那些喜歡搬弄是非、挑撥離間、隔岸觀火、落井下石的人，他們往往為達目的不擇手段。

在大多數現實的場景裡，小人通常能風光上位，混得風生水起，君子卻鬱鬱不得志，這樣不得善終的「君子」比比皆是 —— 屈原投了汨羅江，伍子胥因為讒言被吳王賜死，龐蒽再也沒能見到他衷心擁護的魏王。甚至有時候你忍不住懷疑：「善有善報，惡有惡報」是真的嗎？

拋開不可控的社會和歷史因素，我們就結合腦科學來說說：「小人」真的是「小人」嗎？你又真的是「君子」嗎？「小人」又憑什麼上位？

腦科學解讀：何為「小人」，何為「君子」

奧地利精神病學家阿德勒（Alfred Adler）曾經說過這樣一句話：「沒有一個人是住在客觀的世界裡的，我們都居住在一個各自賦予其意義的主觀的世界。」來看看酸葡萄效應和甜檸檬效應。

所謂「酸葡萄效應」，是說狐狸想吃葡萄，但葡萄長得太高，牠始終無法摘到，也就吃不到，於是牠說：「葡萄太酸了，沒什麼好吃的，不吃也罷。」人也一樣，需求無法得到滿足，產生挫折感了，內心就有壓力了，為了解除不安，就會編造一些解釋來尋求自我安慰，消除自己的緊張，減輕壓力。

跟「酸葡萄」對應的是「甜檸檬」。狐狸餓壞了，好不容易找到了一顆檸檬，牠無從選擇，只能吃掉檸檬來充飢，檸檬入口真的很酸澀，可狐狸說「這個檸檬還是挺甜的，我真幸運啊！能找到個甜檸檬！」

「酸葡萄效應」和「甜檸檬效應」都是人最常運用的心理防禦機制，在追求預期目標卻又失敗了的時候，為了沖淡內心的不安，人會為自己尋找理由，將自己的行為或是失敗「合理化」，使自己從不滿、不安等消極狀態中解脫出來，讓內心舒服，達到心理平衡的狀態。

如果「酸葡萄效應」和「甜檸檬效應」還不能讓你明白其中的道理，我用生活中我們最常見的一種現象來詮釋一下，相信你會有所啟迪。

你排隊買網紅奶茶，等了兩個小時終於喝到了，奶茶進入口腔後大腦的第一反應是「不過如此」，此刻你有點後悔花了兩個小時排隊，你覺察到這個成本的付出和結果是不成正比的，但你不能讓自己感覺你是笨的、不愉快的，你更不能讓別人感覺你是笨的，你在內心說服自己「不是特別好，但也還不錯！」、「可能是我的期望值太高了，我要調整心態了」、「排

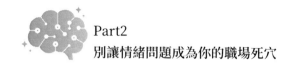

隊買杯奶茶也是體驗，生活總是要不斷體驗啊」，你不斷對自己說「其實還不錯啊！」就這樣，你成功地把自己催眠了。

這種催眠就是為了沖淡你「花兩小時排隊而喝到的奶茶不過如此」帶來的不適和不快，企圖讓你自己心裡舒服、平衡。事實上，我們在面對「小人」時也是這樣的心理。

這個世界很美好，我們可以遇見各種機會，嘗試各種可能。這個世界也很殘酷，不是所有的努力都能得到相應的回報。當你付出了卻沒達到預期的效果，低谷中最便捷的療傷藥方就是找外因 ── 都是「小人」惹的禍。

這時，你會在心裡想：「一定是小人作祟，妒火中燒，才置我於如此境地，今時今日的結果都是情有可原的，不怨我，怪只怪我生不逢時，怪只怪『明槍易躲，暗箭難防』。」這樣想想，你心裡是不是平衡舒服多了？

陽光下有向背，向日為陽，背日為陰，陰陽相反也相成，陰陽可以轉化。所謂君子，指的自然是向陽的一面，溫和明亮，燦爛明朗。可背陰那一面呢？當面對特定的事情，特定的境遇，誰能從一而終，行君子之道？

再痛恨謊言的人也一定說過謊，你恨流言蜚語，可你難道就沒有傳播過別人的事？你因為他擋了你的路而憤懣，你可曾知道你也曾經壞過別人的事？其實我們都一樣，一半天使，一半魔鬼，既是施者，也是受者。既然如此，誰是君子？誰又是小人呢？

我們憎恨小人，除了因為小人得志了就耀武揚威，還因為大多數人面對小人時，都只能一邊高喊著「我自高潔，絕不同流合汙」，一邊在鬱悶、委屈、憤恨中咬牙切齒：「哼！不過是個小人」。陳麗就遇到過這樣的「小人」。

　　陳麗的公司開會討論企劃方案，她盡情展現著自我，秉持著直來直往、有話就說的為人風格，堅持著實事求是、腳踏實地的處事原則，令她不齒的是，同事小劉之前還盛讚她的企劃案，轉身卻接受了老闆更認同的另一個方案。

　　那是陳麗競爭對手做的案子，陳麗知道那個案子難度大，實現的可能性不高，她在心裡感慨「老闆真是沒眼光，聽那個馬屁精的！」可老闆言出必行，於是陳麗就只能坐等「小人」出洋相「哼，我就看你怎麼收拾！」

　　接下來，企劃進入實施階段了，這頭說支持陳麗的小劉，那邊就跟著她的競爭對手頻繁進出老闆辦公室，頻頻請示彙報、請求指導。實施過程中老闆發現難度確實太大了無法繼續，停止了企劃案，但老闆認可了小劉他們積極的工作態度。

　　小劉他們也是鍥而不捨的職場人，在他們的強烈要求下，與老闆的指點下，最終堅持完成了企劃，即便在陳麗看來實現的效果非常一般，但老闆自己參與其中了，站在參與者的角度就覺得實現這個結果已經很不容易了，同時為了維護自己的領導權威，老闆更得認可小劉他們了，於是小劉他們既有苦勞又有功勞，還得了獎勵。

　　這個時候陳麗在做什麼呢？抱怨世道不公，對小劉他們嗤之以鼻，事後小劉問陳麗「你在背後議論別人，說三道四，這可不是君子之道吧！」

　　所以，「小人」並非真是「小人」，「君子」也並非真「君子」，很多時候是我們吃不到葡萄說葡萄酸罷了。

　　比如，你覺得「小人可惡，三頭兩面巧言令色」。那麼他必須得具備察言觀色的本事，並且在此基礎上還得反應迅速，懂得投其所好，來滿足對方的需求，這不僅需要眼觀六路、耳聽八方，還需要有一定的智商情商作為基礎。

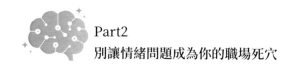

比如，你覺得「小人可恥，諂媚虛偽、趨炎附勢」。那是他清楚要獲得就必須要付出，他清楚知道自己的目標，並且能判斷出誰是值得自己攀附的對象。

再比如，你說小人「花言巧語、諂媚歡笑，放下尊嚴、卑躬屈膝」，那他得有較強的心理承受能力，他懂放得下身段更能爭取到想要的，也因為他願意這麼做，所以他就有成功的勝算。

因為對「小人」的這些作為不以為然、不屑一顧，所以人不自覺地站在道德制高點上，自以為公正地判斷誰是小人誰是君子。可誰是小人？誰是君子？

我們討厭小人，是因為我們曾被小人害過，但同時，除卻傷天害理，小人身上其實有不少值得我們思考的特質，小人臉皮厚、能忍、堅持、機敏、目標清晰、敢想敢做，小人能得志常常是因為有高情商加持。

所以，以不隨波逐流、不隨俗沉浮而自豪的君子們，當你在感慨「小人，你憑什麼上位？」的時候，可曾想過，你的渴望卻不可得，是不是一顆吃不到的葡萄？

2.6
讓「彎路」不白走

有一句話我們打小就聽過「我不想讓你走彎路……」

「彎路」就成了生活中避之唯恐不及的東西，提起它就聯想到各種惋惜、後悔、怨恨、鬱悶、無奈、嘲笑、放棄。

彎路，顧名思義，彎曲不直的路，繞遠了多走了路，彎路比喻探索中碰壁、失敗，因工作、生活等不得法而多費的冤枉功夫，走了彎路就意味著耗費青春和時間，意味著枉費和損失。

我們為什麼害怕走彎路？

人對損失的恐懼是與生俱來的，因為損失會帶來心理不適感，無論是物質上的損失還是精神上的損失，比如丟了工作、掉了錢包或是失去愛人。核磁共振造影發現，當讓測試者遭遇損失和失去的時候，大腦的紋狀體和前額葉皮層的活動強度降低，而在面對收穫和獲得時，這些腦區的活動強度是提高的，並且，大腦在處理損失的時候，腦區啟用的強度大於處理收穫時的強度。打個比方也就是，掉了 100 塊時憤恨的程度，比撿了 100 塊時興奮的程度要強烈，也就是損失的痛苦要遠大於得到的快感。

因為害怕承擔損失帶來的痛苦，所以人害怕損失，於是費盡心機避免損失、避免走彎路，甚至人云亦云地認為只有這條路和那條路才能稱之為正途，才不是「彎路」。

不信的話，我們來看看這幾條「彎路」：

① 小明，大學讀的是電影科系，一心想當導演做電影，畢業之後進了一家廣告公司，新人入職，為了表現自然就一人身兼多職了，既要風裡來雨裡去，得跟案子，也要在公司熬夜跟專案進度，既要溝通連繫客戶，還要跟著做接待公關的工作，既要給老闆當助理運送東西，還時不時要給老闆當司機，既要在公司幫著整理文案，還得跟著財務兼會計，有時候公司阿姨請假了，他還得幫著整理環境。

平日裡他連戀愛的時間都沒有，也沒有時間和機會做什麼電影，好幾年過去了，薪資是漲了一點，可壓根沒離夢想更進一步，他最初的目標是當導演做電影，可其實是在公司做著各種打雜的工作，工作繁雜工作量大得連自己的私人時間都沒有了，這樣度過的這些年，對於他的人生，叫不叫走彎路？

② 莎拉是個挺漂亮聰明的女孩，家境不錯，爸爸是律師，媽媽從事藝術工作，她從小就想女承父業，成為一名律師，有一間自己的律師事務所，幾年時間她前後考了兩回法學院，可因為分數差，始終與法學無緣。她的第一份工作是在遊樂園打工，還因為身高差了 5 公分連扮裝的服裝都不能穿，只能做園內最基礎的工作 —— 疏導人群。打工了三個月後，她透過應徵資訊成為了電器公司的業務員，每天要在不同街區上門推銷電器，並且，這份推銷的工作她一做就是 7 年。她一心想做律師，卻考不上法學院，她在遊樂園打工、做電器業務員，這樣度過的這些年，對於她的人生，叫不叫走彎路？

在推銷電器的 7 年間她找到了新興趣，就是思索女生的連身褲襪，她一有空就去逛商場逛市場，花了不少錢買了無數褲襪產品，花了不少時間精力研究各種專利設計；業務做得好好的，她打起了女性褲襪的主意，想自己設計褲襪，這又叫不叫走彎路？

　　一次失手、一次失策、一次失戀，或是跟最初的目標不一致，跟一些期待不相符，人從此充滿後悔和焦慮，彷彿天都要塌了似的，就在自己的人生中把這段經歷標注成「走過的彎路」，讓它成為了不堪回首、羞於提及的經歷，並且自我暗示從此以後的發展運勢都受了「彎路」的影響。

　　這樣的負面情緒產收之後，就將常常伴隨左右，比如時而在午夜夢迴時百感交集悔不當初。也是在這樣的負面情緒影響下，遇到類似的情境，尤其當再次遭遇失手失策和失戀，就更加恨毒了曾經的「彎路」，認為都是「彎路」種下了惡因。

腦科學解讀：如何讓「彎路」不白走？

　　如果你也走過這樣的彎路，如果你也因此悶悶不樂、久久不能平，怎麼辦？

　　來假設一個場景：你擠在上班尖峰時的捷運裡，聞著麵包油條和汗臭混合的味道，跟車上同是趕著上班的人前胸貼後背……某個站到了，人群中有趕忙向門外竄的，也有不管不顧往裡擠的，你的腳冷不防被狠狠踩了一下，你痛得面部肌肉猛地抽搐了一下，倒吸了一口氣，這時候你會怎樣？

　　你通常會一邊趕忙往回縮腳，一邊循著那隻可疑的腳尋找「嫌疑人」，即便不衝他吼兩聲「喂，小心點啊！」也打算狠狠地送他個怒目皺眉或白眼，這個時候，你一定很不爽，氣不打一處來。

　　負面情緒來了。

　　情緒這個東西伴隨思維產生，而我們的思維中既有理性合理的認知，也有不理性不合理的認知，美國心理學家艾利斯（Albert Ellis）認為，情緒上的不爽不快、困擾糾結，往往就是不合理、不理性的認知造成的，這就是他著名的 ABC 理論。

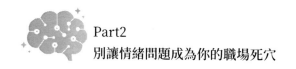

ABC 理論模式中，A（activating event）── 刺激事件；B（belief）──
人在遇到刺激事件之後相應而生的認知信念，也就是他對這件事的看法、
解釋和評價；C（consequence）── 他應對這件事的情緒和行為。

上面這個情境，你的腳被踩痛了，這就是 A，是起因，是帶來刺激的
事情；你頓時來了一股火，憤怒之下你想用語言或神情反擊「行凶者」，
這就是 C，是後果，是你應對被踩產生的情緒和反應；很多人認為就是 A
導致了 C，就是因為腳被踩了，所以才發火憤怒，但其實決定 C 的，是
B，是你的認知，也就是「擠在車裡趕路上班已經夠折騰了，昨晚又沒睡
好，運氣這麼背，腳還被踩了，腳趾痛還彎不下身子去揉揉，誰那麼不長
眼，即使是無心的，也真是夠煩人的，這鞋今天還是第一次穿………」

但如果這時候你循著那隻腳發現，不小心踩了你一腳的是個盲人女孩
子，你又會怎麼想？

「呀，原來是個看不見東西的女孩子，好可憐，唉，算了」。

瞧，你的認知轉變了，B 的轉變就影響了 C，你也就不會因為被踩而
焦慮憤恨，你甚至慶幸剛才沒有脫口而出「誰這麼不長眼，小心點啊！」

也就是，前因 A，只是讓你不爽不快瞋目切齒的間接原因，你對對方
的看法對事情的解釋 B，才是激起你負面情緒的更直接的原因。

比如，小黑和小白兩個人在走廊上碰到了經理，他們倆都跟經理打招
呼問好，但經理並沒有回應，冷著臉跟他們擦身而過。小黑和小白對這件
事的想法很不一樣，小黑想著：「經理剛才沒反應，是因為想事想太入神
了吧，打招呼都沒聽到，猜想這事不簡單，主管不好做啊……」，小白卻
是這麼想的：「不打招呼，還裝看不到我們，這是怎麼回事，是小黑還是
我得罪他了？如果是小黑，那我可不能跟小黑走太近了，或是上次專案的
事還記恨我？這心胸，以後刁難我怎麼辦……」

這樣的內心感受和認知判斷，勢必會影響小黑和小白的心理狀態，影響他們對於公司人際關係的處理，進而影響工作狀態、工作效率和勞動產出。

來看看小明和莎拉在應對「彎路」時是怎麼做的：

有人問小明，「你想做導演，雖說廣告公司裡也有做電影的專案，可既輪到不到你做，你還要做其他雜七雜八的工作，連看電影啊自學的時間都沒有，這工作跟目標理想差那麼遠，不鬱悶嗎？」他說，心情不好的時候總是有的，但那是一開始的時候了，後來覺得，不管什麼事，磨礪了就是自己的經歷，練出來的都是自己的本事，是自己的能力總會有派上用場的時候吧，這麼想想，也就沒什麼了。

莎拉呢，在遊樂場打工時她還不失幽默，「第一天在休息的時候，我看到白雪公主居然在抽菸，哈哈哈。」上門推銷的工作基本不需要專業門檻，她入職的時候只收到一張區域推銷圖和一個電話本，連個辦公室的位置都沒有，但是因為她活潑開朗，有不錯的溝通技巧和外形條件，25歲的時候就升遷成了業務培訓師，她說，推銷電器的7年多，她學會了忍耐和應對拒絕，所以她習慣被拒絕，擅長應對拒絕，甚至後來所有人都說她不行的時候，她還是能夠繼續堅持，「這都歸功於當業務員時，練就的強心臟」。

據說李敖喜歡這樣一個故事，一個小女孩在路上突然摔了一跤，她趴在地上沒哭也沒鬧，也沒立刻站起來，只是靜靜趴在地上張望，有人問她為什麼不起來呢，小女孩認真地回答：「我要看看有沒有丟掉的硬幣，我不能白摔一跤啊！」

李敖這個人就基本不會「白摔」，黑牢沒白坐，人家喊冤叫屈擔驚受怕，他收集數據，後來揭了司法黑幕；兵沒白當，別人玩樂消遣他調查記

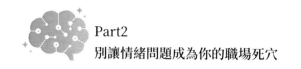
錄，退伍就發表了對軍中問題的控訴。若說彎路就是損失，他總能在損失中有所得，走彎路對於他就是種潛在收穫。

曼德拉（Nelson Mandela），從部落男孩到礦工，從律師到南非第一個黑人總統，他一個人在一間沒有浴室、沒有馬桶，只有一個鐵桶的不到4.5平方公尺的屋子裡被困了27年，出獄後在當選南非總統的就職典禮上，他恭敬地向3個曾虐待他的看守致敬，他說自己年輕時性子很急，脾氣很暴，是坐牢的日子讓他學會了處理痛苦和控制情緒，給了他時間和激勵，才活了下來。

再來看看後來的小明和莎拉。

小明去了新公司，那是一個影視製作公司，他實現了做電影的夢想，並且，他不僅具備影片拍攝製作的基礎能力，又了解市場上不同商家的需求類型，還能和客戶連繫商談，又因為懂些會計財務知識，還幫公司處理了些財務問題，新老闆對他很是青睞，給了他很大的發揮空間，短短幾年他就成了部門經理。

莎拉自開始思索女生連身褲襪時，並沒有大腦一熱就辭職不幹了，她白天繼續推銷電器，一有空就去圖書館翻數據研究品牌和製作，去逛原材料市場、逛商場研究調查產品。為了省錢，她自己研究法律法規和流程申請了專利，她發明了女性的露腳內搭褲，一直到產品成熟了，進入市場了，她才終於創辦自己的公司。2014年，她上榜《富比士》（Forbes）全球最有影響力的100名女性榜單，她創立了自己的內衣品牌，資產淨值估計達10億美元，她就是莎拉·布蕾克莉（Sara Blakely）。

「失敗乃成功之母」誰都懂，但真當遇到了失敗，走了彎路了，卻都驚怕了。我們都不可避免會經歷各種低谷和低落，有人就感慨「道理我都懂，可還是過不好日子⋯⋯」因為道理人人都能朗朗上口，卻不懂真正遇

到挫折了究竟該做些什麼。

　　那些彎路，真的很耗費生命，並且更要命的是，一旦走上了彎路，此生都像背上了霉運，打上了「差勁」的標籤，要一蹶不振了似的，真都是這樣的嗎？究竟誰能客觀公平公正的告訴我們，什麼是彎路？彎路是怎麼耗費生命的？彎路是怎麼讓人萬劫不復的？

　　考不上法學院只能當電器業務員的莎拉，以及曼德拉、李敖，或是成千上萬的小明，如果都想著「就我這麼命苦運背」、「這都是在耗費我的生命」、「人生不過如此，往後都沒指望了」，那恐怕他們的人生真就沒有我們所知的「後來」了。

　　即便是完滿的 C 結果，中間的過程卻都未必一定是在心情愉悅中經歷的，誰在成功前不經歷些風浪坎坷？同樣的 A 事件，你當然可以覺得那些事是在浪費青春，你也可以告訴自己，那些耗費時間的事情，那些和理想夢想八竿子打不著邊的「彎路」，其實都是經驗，都是在為你積存彈藥，都在為後來的你的某個 C 時刻做準備。

Part3
知己知彼，拿起人性放大鏡

　　了解自己，是成長的第一步；了解別人，是進步的第一步；了解人性，是成功的第一步。在職場中，所謂的人性盲點，可能是我們對自己的認知存在空白，也可能是我們沒有看清人的「真面目」而造成的對他人的認知錯誤。走出這種認知盲點，做到知己知彼，才能更好地決戰職場。

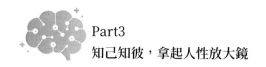

Part3
知己知彼，拿起人性放大鏡

3.1
星座那麼準？你被「算計」了！

「你祈求受到他人喜愛，卻對自己吹毛求疵。雖然人格有些缺陷，大體而言你都有辦法彌補。你擁有可觀的未開發潛能，尚未就你的長處發揮。看似強硬、嚴格自律的外在掩蓋著不安與憂慮的內心。許多時候，你嚴重地質疑自己是否做了對的事情或正確的決定。你喜歡一定程度的變動，並在受限時感到不滿。你為自己是獨立思想者自豪，並且不會接受沒有充分證據的言論。但你認為對他人過度坦率是不明智的。有些時候你外向、親和、充滿社會性，有些時候你卻內向、謹慎而沉默。你的一些抱負是不切實際的」

當你讀到這段話，是不是也會覺得這描述就像是你自己？

如今這個時代，熱衷占卜的已經不是那些坐在馬路邊、戴著墨鏡，一臉嚴肅的老先生了，好多第一次見面的人都會聊幾句星座，彷彿從出生日期就能窺探出性格特徵和人生發展趨勢。在社交平臺上，「處女座具有完美主義傾向」更是成為了一種心照不宣的大眾認知，導致我們在看待身邊處女座朋友的時候，總是會先入為主地認為他們若不是一絲不苟，就不像處女座。

對於星座等等的話題，也許你聊起來比我溜得多，哪個社群帳號、哪個平臺有不錯的每週每月運勢分析，在哪輸入出生年月日時就能有最適合的科系、工作、伴侶的推薦，這些甚至在一段時間裡真的給了你不少有建設的建議，幫助你了解了自己，了解了他人，了解了世界，還幫助你踏遍

094

紅塵、暢通江湖。可即便有人將它們奉若人生真理，也有人不以為然，星座，究竟神奇在哪？

Jenny 提過她的一段經歷，給我留下了深刻的印象，她是史丹佛的資優生，師從世界著名心理學家菲利普・津巴多（Philip George Zimbardo），在她的第一節心理學課上，老師按照他們的生日，給了每人一疊星座分析資訊，大家都覺得跟自己很符合，正雀躍著，老師卻說，每個人領到的都是一樣的……

在聊星座這個問題前，我們不妨先來看兩個實驗。

澳洲伯斯科學家、前占星家傑佛瑞・迪安（Geoffrey Dean）和加拿大薩斯喀徹溫大學的心理學家伊萬・凱利（Ivan Kelly）曾花半個世紀做了個實驗：1958 年 3 月，他們在倫敦招募了兩千多名出生時間十分接近的新生兒，並且在長達約 50 年的時間裡，對他們進行了包括智商、社交能力、學習能力、焦慮程度、職業、婚姻等等 100 多種不同特性的跟蹤監測。按照星座的說法，這些在同一星座下相近時刻出生的孩子們，也就是雙魚座，應該有著相似的性格特徵，甚至會有相似的人生軌跡，比如，感情豐富、善解人意、捨己為人、有想像力、浪漫，同時不夠實際、幻想太多容易感情用事、容易陷入沮喪不可自拔、不善於理財、容易受環境影響。

但科學追蹤調查結果讓人跌破眼鏡，這兩千多個孩子的人生走向和他們長大之後的性格特徵，不但沒有重合，甚至幾乎沒有任何共同點。

無獨有偶，法國的研究人員也曾做過一個測試。研究人員找到了一家宣稱能利用高科技軟體進行占星的公司，只要會員給出自己的生日資訊，他們就能為會員提供一份精準的星座報告。研究人員向這家星座公司提供了法國惡名昭彰的殺人狂瑪塞勒・巴爾博（Marcel Barbeault）的生日資訊，並繳納了高昂的占星費用。

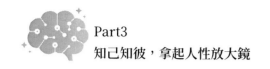

　　三天後，這家公司傳送了一封星座報告給研究人員，報告裡寫道：他適應能力很好，可塑性很強；當這些能力都能得到訓練就能充分發揮出來。他在生活中充滿了活力，在社交圈舉止得當。他富有智慧，是個具有創造性的人。他非常有道德感，未來生活會很富足，是思想健全的中產階級。

　　另外，這份星座報告還根據瑪塞勒‧巴爾博的年齡推斷說他會在 2004 至 2006 年期間考慮解決感情問題，對那個與自己相守的人做出承諾。可事實上這份報告中「頗有道德感」的巴爾博，早在 1999 年就因為殺害了 19 條人命被判處了死刑。

　　這兩個實驗是不是讓人感覺挺諷刺的？

　　各種星座預測、占星術、算命說、心理測試之所以大行其道，表面上看似因為生存存在著不確定性情境和壓力情境，這都會威脅人的控制感；同時人是能意識到自身局限性的，人會渴望獲得安全感，降低無助感，但很多人還不清楚，這些控制感和安全感是透過認識自己、認識別人、認識世界來獲得的。

　　所以與人格、性格、命數、命運相關的內容，自然的就具有吸引力，對於情緒低落，控制感和安全感出現問題的人，對於更容易受暗示的人來說，這些內容就更難以抗拒。尤其是真正科學權威的各種測量操作，像各種人格測試，動輒上百題，還需要專業人士的操作協助才能獲得評估結果，相比之下，隨手可得的各種星座解讀就顯得平易近人了，輸入生辰或是就做一道或十幾道的選擇題就能獲得一堆解析，夠思索老半天了。

　　星座源自美索不達米亞的占星術，三千多年前自然沒有現如今的科技手段，那時候的天文學家們，將整個天空想像成一個大球，星體分布在球的表面，將太陽在「天球」上運動的軌跡，稱為「黃道」，為了表示太陽在黃道的不同位置，將黃道平均分成了十二段，命名為「黃道十二宮」。

據說太陽的自轉會讓春分點，每年沿黃道按一定速度緩慢西移，加上三千多年來自轉軸的長期進動，距今已經發生了近 40 度的偏移，也就意味著這如今的十二宮，早已不是三千多年前的十二宮，還有人提出，當年牡羊座那一宮，如今對應的應該是雙魚座了。

再說，從星座來看人的性格命運命數，究竟應該以人作為受精卵成型那一刻算起？還是以母體開始分娩那一刻算起？可現如今有很多挑日子剖腹生產的情況，這種非自然分娩的日期，又該如何劃分？

綜上所述，你是不是也確實覺得星座這事確實值得好好探究，可它明明就挺準的，何以那麼神奇呢？

腦科學解讀：為什麼人們會覺得星座那麼準？

1.巴納姆效應（Barnum effect）

本章開篇的那段話，有沒有感覺這段描述和你蠻相像的？我不認識你，但卻能把你描述得八九不離十，我是不是很厲害？

其實並不神奇，這也不是我編的，是心理學家為進行一個實驗蒐集編寫的，1940 年代美國的伯特倫‧福勒（Bertram Forer）教授做過這樣一個實驗，讓學生們完成一份人格測試，然後根據測試結果進行分析，再讓學生們對這個測驗結果和自己本身特質的契合度評分，0 分最低，5 分最高，也就是覺得非常準就打 5 分，覺得一點都不準的給 0 分，最終學生們評分的平均分是 4.26 分，這是一個相當高的分數，結果教授才揭露事實，說學生們得到的這個測試結果，其實都是一模一樣的，也就是本章開篇那段話，是教授從星座與人格關係的描述中蒐集出的內容。

後來一位名叫巴納姆（Phineas Taylor Barnum）的著名雜技師，在評

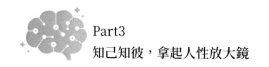
價自己的表演時，說自己之所以很受歡迎，是因為節目中包含了每個人都認可的成分，所以他使得「每一分鐘都有人上當受騙」，不謀而合一般，於是福勒教授的實驗就被稱為「巴納姆效應」了。

在巴納姆效應後來的研究中，給學生們用的是明尼蘇達人格問卷（MMPI），這是一個應用極廣、頗權威的人格測試，總共 566 道題目。實驗的最後給學生們提供了兩份評估報告，一份是經過 MMPI 測量的評估報告，一份是模糊並泛泛的假評估，但最後，59%的學生選擇信任假報告，認為假報告更切合自身。

這就是為什麼有人那麼相信星座，認為星座的說法準確有用，「巴納姆效應」說的就是人會很容易相信一個籠統的、一般性的人格描述是適合自己的，即使這種描述不會太準確，即便他能套用在大多數人身上，可人仍然會輕易認為這就反映了自己的人格面貌。

2. 因果錯覺

你想跳槽發展，和幾家公司溝通面試過了，感覺都很不錯，今天上午你聽說了「轉貼錦鯉會有好運」想著也試試吧，結果剛轉貼完下午你就收到了錄取通知……你忍不住想著，「轉貼錦鯉還真是有好運啊」，真神奇。

人的大腦喜歡按照時間線索順序接受資訊，我們會輕易認定先發生的事情，是後來發生事情的導火線。

因果錯覺，是人們常犯的一種認知錯誤，源自人們在複雜事物之間建立起的荒謬的連繫或錯誤的因果關係，相信某個原因能夠影響偶然事件的結果，相信人的行為會導致某種結果，而實際上這個結果並不受那個因素左右。

　　因果錯覺往往也是迷信信念的核心。對於迷信的研究最早可追溯到1930 年代初期，當時的心理學家認為「迷信就是將原本沒有連繫的現象或事物看成具有因果關係」。

　　自從智人以「講故事」的能力從眾多原始人類中脫穎而出，人類也逐漸發展出了高等智慧，能從墨漬裡看到心理投射，也能依靠認知思維，造成「一千個觀眾，就有一千個哈姆雷特」的狀態，這些智慧幫助人認識這個世界，可也因為「想太多」，人給這個世界賦予了過多的意義。

　　比如某次專案考核和演講，你穿了一件紅色內衣，那次你的表現得到了一致好評，效果好得讓你意外，事實上紅色內衣不太可能對考核結果和演講效果產生什麼影響，可你就很容易在這兩件事情之間建立連繫，認為穿了紅色內衣就能帶來好運，於是你決定以後但凡有些重要場合都穿紅色內衣。

　　進化角度來看，為了生存，人類必須竭力發現事物之間的因果關聯，比如原始社會中有個人若是病死了，其他同伴便會分析，他頭一天是吃了某一種果子，在樹林摸過某一種動物，即便事實上吃那種果子和摸那種動物未必是讓他沒命的原因，但是對於原始人來說，這些假設不得不做，因為往後不吃那果子不碰那動物或許就可以保命，這就避免了兩件丟性命的事情，這樣的認知至少可以幫助人獲得些安全感。

　　於是數千年來，我們的大腦就進化到會自動用一定的邏輯關係把一些事件串聯在一起，而且一旦建立了某種邏輯關係，比如以時間線索貫穿事件，甚至有時候明明時間順序不夠明確，人也會努力尋找相關資訊，非得用因果關係把那些事串在一起。就像「都說祈禱好運，好運就會來，我祈禱了，真就有好訊息了……」、「星座說穿藍色衣服就能轉運，我立刻穿了，還真靈啊！」

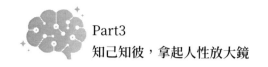

人自以為這是合理的，其實不過是假設，但不可否認的是，一使用這主觀假設的邏輯關係，大腦對這事的記憶確實會變得相對清晰，猜想這也就是為什麼歷經千年的進化，我們大腦會把這種思維習慣留存至今的原因。

3. 自證預言

也叫「自我驗證預言」，人會不自覺在不經意間，按已知的預言來行事，最終令預言發生，也就是我們會本能地根據那些針對自己的「有道理的、有依據的」的判斷、描述，去調整自己的言行，向著這些判斷和描述靠攏，最終讓這些判斷和描述成為現實，讓自己成為了這些判斷和描述中的樣子，自證預言是一種非常常見的社會心理學現象。

「有道理的、有依據的」判斷和描述，究竟有什麼道理和依據呢？在「自證預言」這個現象中根本不重要，只要人主觀認同它了，它就會發揮作用，也就是無論是否合理和正確，人的先入為主會或多或少影響人自己的言行和生活。

比如一個 10 月出生的人，曾經接收了這樣資訊「天秤座，你凡事要求公平，氣質優雅、隨和溫婉、社交能力強，反覆思索的頻率極高，猶豫不決是最大的毛病……」當他感覺「好像滿準的耶！」之後，就會無意識地按照這樣的內容去生活，以這些內容來約束言行，終成為氣質優雅、隨和溫婉卻優柔寡斷的模樣。

再比如，曾經有人對你說「你的語言天賦比較弱！」你也認為自己在學英語這方面是不擅長的，這樣的認知就會影響你學英語的積極性，不積極因為「反正不擅長也沒天賦，學了也學不好」。

再想想，以前努力過卻也收效甚微，於是越來越消極，書不讀，單字不記，英語程度止步不前，甚至還退步了，和英語的接觸充其量就是看看電影

電視劇，再後來，你更加確定了「看，我就是沒有語言天賦！說的真沒錯」，到面臨職場晉升時，徵聘職位的要求條件之一是需熟練掌握英語，有商洽和外派的需要，你只能弱弱地說「我從小就學不好英語，沒有辦法了……」

皮格馬利翁現象揭示的也是相似的意思。

4. 皮格馬利翁現象（The Pygmalion Effect）

1968 年，美國心理學家羅森塔爾（Robert Rosenthal）在一所小學進行了個實驗，在各個年級隨機抽選 3 個班，對這 18 個班的學生進行了「未來發展趨勢測驗」，隨後羅森塔爾將一份「最有發展前途者」的名單交給了校長和相關老師，並叮囑他們務必要保密，以免影響實驗的正確性。其實，羅森塔爾撒了一個「權威性謊言」，名單上的「最有發展前途」的學生不過是隨機挑選出來的。

8 個月後，奇蹟發生了，這些被隨機挑選出來的每一個「最有發展前途」的學生都有了同樣明顯不同程度的進步，並且他們性格開朗，自信心強，求知欲旺盛，更樂於溝通。

實際上，當校長教師們收到了實驗者提供的名單，並得到了「務必保密」的提醒，他們不僅對名單上的學生抱有更高期望，而且有意無意地會透過態度、語言、表情等等給予更多提問和輔導機會，表現出更多讚許等等的積極表達，將隱含的期望傳遞給這些學生。

學生在獲得了積極鼓勵的訊號後也會給教師積極回饋，這種回饋又激起老師更大的教育熱情，維持並強化原有的對這些學生的高期望，繼續給予這些學生更多關照。如此循環往復，老師的教學熱情被鼓舞起來，對學生的期待更加強烈，這些學生的學習積極性也被鼓舞起來了，他們的智力、學業成績以及社會行為等表現都會有所進益，朝著教師期望的方向靠

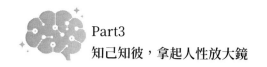

攏，使老師的高期望成為了現實。

本質上人的情感和觀念會不同程度受到別人下意識行為的影響，基於對某種情境的知覺而形成的期望或預言，會使該情境產生適應這一期望或預言的效應，簡單地說，就是人們受到怎樣的暗示，就容易產生朝著這個暗示發展的結果。只要充滿積極期待，只要真的相信事情會順利進行，事情就會順利進行，相反，如果相信事情的發展會不斷受到阻力，這些阻力就會產生。

一個星座的忠實支持者深信「處女座吹毛求疵」、「牡羊座比較熱情衝動」、「雙子座反覆無常」、「射手座追求自由」等在星座領域中較為主流統一的說法，就會無意識地受到這樣的暗示成為這樣的人，並且會在無意識中用這樣的認知和判斷和他人相處，甚至影響身邊的人。

綜上所述你會發現，還真是這麼回事，巴納姆效應＋因果錯覺＋自證預言＋皮格馬利翁效應＝哇！星座神得好神奇啊！

你可能還是會有疑問，「你說的都對，可星座說的也真的是準確的啊，這又是為什麼呢？」是的，剛才也提到，在主觀世界裡，信則有，不信則無，人就會按照預言、暗示來實現自己。

無數看過星座書認為還蠻準的人，就會或多或少受到了裡面內容的影響，不經意間為自己的性格和人生做了一個框架設計，處女座愛完美有潔癖、射手座愛自由也花心、天蠍座深沉也陰險、雙魚座多情也脆弱、摩羯座顧家也固執……按照這個設計準則，給自己和別人打上了這樣的標籤，逐漸就會突顯出這些特質，成為了「你看！我就是典型的處女座啊！」

幾十年前刊登各種星座內容的雜誌書刊在年輕人間就頗受歡迎了，時至今日，市面上傳播星座內容的載體平臺數不勝數，這僅僅數十年就足夠「教育培養」一批典型的十二星座了，於是客觀上說，對於這些星座的忠實支持者，星座確實是準確並神奇的。

3.2
瘋狂買買買，何止有點爽？

　　都說愛購物是女人的天性，逛街和購物能給女人帶來休閒感和幸福感，在閒暇的週末，約上三五個好友；或者在某個下班後的傍晚，獨自一人，馳騁商場，走走逛逛，即便什麼都不買，也能過過眼癮，讓一天的煩惱和壓力，在琳瑯滿目的商品中得到緩解。當然，如果能恰好挑到一兩件自己喜歡又渴望了很久的、合眼緣的東西，那種愉悅感，還真是爽爽的。

　　小花是個上班族，市中心熱鬧商業區的白領，每個月收入頗豐，她跟我抱怨說都 30 歲了卻一點存款都沒有，每天除了上班、一日三餐和必不可少的交際應酬，必須得逛逛各大購物網站，即便晚上累得凌晨才能睡下，睏得睜不開眼了，她還是要看看購物網站的最新商品推薦，瞄瞄自己購物車裡的東西，每買一件商品還都得在幾個網站上來回比對。

　　小花每個月的薪資除了吃喝交際交貸款，都用來還卡債了，家裡的東西多得沒地方放，堆得亂七八糟像一個個山丘，明明知道自己買了很多了，可還是覺得衣服不夠穿，沒有鞋子配……每回下決心再買就剁手，可回回這手指就像不受控制了一樣……

　　如今，隨著網路的發達和科技的進步，購物也成為了一件越來越輕而易舉的事情。大多數時候，我們不用出門，甚至是利用休息的空檔，也能透過網路完成購物交易。這種便利的購物方式，一方面改變了我們的生活，另一方面也催生了越來越多「問題」。

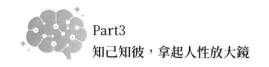

比如，很多人會把大部分的薪資全用在網路購物上；很多人每天開啟電腦、點開手機的第一件事便是去購物網站「報到」；很多人幾天不買東西，就會感覺內心空虛、渾身不自在；很多人一看到優惠資訊，就會忍不住點進去花點錢，哪怕對這樣東西根本沒有需求……

那些平臺在年年的各個購物節都能公布令人驚奇的營業額，這些「喜人」的數據背後，是無數個小花這樣的購物狂，沒日沒夜逛逛逛買買買的「奮鬥不息」。但是所有的購物都會換來愉悅嗎？如果答案是肯定的，那也就不會有「剁手」一說了。

「剁手」源自一個新聞事件，某個深夜，一對夫婦衝進了急診室，原來是妻子的大拇指斷了……這夫妻倆都是白領，七年級生，妻子是個網購熱衷者，花錢如流水，下班在家沒事就網購，家務事也不管不顧，那天她一如既往在逛逛逛，完全無視正在哭鬧的小女兒，夫妻兩人就吵了起來，吵到興頭上，丈夫一衝動就說「下次再讓我看見你上網買東西，看一次我就砍你手指一次！」氣頭上的妻子也不甘示弱，她說「不用你砍，我自己來……」

事後兩人當然是後悔莫及了……「剁手」這個說法就這麼出現了。

剁手族每天遊蕩在各大購物網站，興致勃勃貨比三家，貌似是很精打細算，可實際上買的很可能是沒有必要的東西，也就是生活中可能壓根都用不上的東西，後果就是貢獻了人家平臺的成交額，浪費了自己的大把時間和金錢。

不可否認的是，瘋狂買買買的確能給人帶來不小的滿足感和愉悅感。然而爽過之後，當面對鉅額的帳單、面對欠款的信用卡、面對買來的大量閒置或浪費的東西，又有多少人，快樂變無奈，健康也隨之出現問題，焦慮、自責、內疚、自我價值感下降，這樣的人在冷靜之後也會意識到自己

出了問題，甚至會痛定思痛、有剁手明志的衝動，但購物癮一犯即把決心忘得一乾二淨。

那麼，瘋狂買買買，到底是一種什麼樣的現象，剁手族是種病嗎？關於這些問題，我們或許可以藉助腦科學來尋找答案。

腦科學解讀：買買買為什麼能讓那麼多人欲罷不能？

事實上，瘋狂買買買背後，也是多巴胺這種愉悅激素在作怪，也就是當我們遇見心愛的人，看到美景美食或是運動的時候都會產生的一種激素。當人們透過購物擁有或者即將擁有某件新物品時，這種體驗就會啟動大腦中樞神經系統，從而刺激多巴胺的釋放。作為一種強效的大腦化合物，多巴胺能讓人產生強烈的興奮感和愉悅感，在這種興奮感和愉悅感的帶動下，人們就會對購物、對買買買產生一種更強烈的本能似的欲望。

也就是，剁手族、購物狂的購物行為，基本都是在多巴胺的刺激下產生的，並且多個研究發現，女性是強迫性購物的「主力成員」，在全球範圍內，平均每 20 個人中就有一個「購物狂」。

為什麼購物主力是女性呢？這裡有男女大腦的差異。女性大腦分泌血清素的受體比男性更多，而製造的血清素總量卻比男性少，分泌的正腎上腺素也相對較少。

血清素也是一種愉悅激素，有助於振奮心情，防止情緒低落或者憂鬱的激素；正腎上腺素呢，可以促進一般組織代謝，提高神經興奮性、促進身體發育，這就解釋了為什麼女生天生不像男生那麼容易振奮，憂鬱的機率還要更高，也更需要藉助外部刺激來獲得快樂。購物，便是女生獲得快樂的一種重要的外部刺激方式。

瘋狂買買買實際是一種心理宣洩，是緩解壓力和負面情緒的一種方

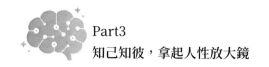
式，也因此誕生了「零售療法」這個概念，叫作療法，但它並不是一種心理治療，只是在一定程度上有類似心理治療的作用。

美國在一項針對 1,000 名成年人的調查發現，超過半數的人（52%）承認自己使用過這種方法療癒自己，其中 44% 的人每個月都會透過買買買來自我療癒。另一項調查顯示，在感到壓力大的人群裡，每三個人中就有一個曾透過買買買來緩解焦慮和壓力。調查還發現，不僅女性，男性中也有 40% 的人曾經試圖透過購物來改善心情。

那麼購物真的在心理上對人有療癒作用嗎？

有過這麼一個實驗，讓測試者看傷感的影片，當然目的就是想讓測試者感覺難過悲傷，隨後把這些人隨機分到了兩組，第一組「收穫組」，告訴他們有 100 美金可以購買旅行必備品，可以從 12 件東西裡面挑 4 件放到購物車，這個行為會讓人有收穫、獲得的感覺，而另一組「挑出組」呢，是讓這些人從 12 個東西裡挑出他們認為旅行最必不可少的 4 件，挑出行為會造成剔除、失去的感覺。

這個挑選過程結束後，情緒量表測出的悲傷程度說明了問題，「收穫組」的悲傷水準顯著低於「挑出組」，實驗說明，買買買這件事，的確會對人們的負面情緒有積極影響。

對一些人來說，這就是應對焦慮和壓力的方法，買買買是一個挑、選、決定的過程，人在這個過程中有很多自主選擇的機會，做出這些選擇和決定，會給人帶來一定的控制感，也就提升了內心的安全感，這種感覺對於神經質程度比較高的人尤其有吸引力，這類人更容易情緒不穩定，容易產生消極情緒，焦慮、低落、敏感等等，也更常透過買買買來舒緩負面情緒，排解無助感，增強掌控感。

此外，性格有外向性傾向的人，換言之比較外向的人也容易成為買買

買的主力，因為這類人更追求積極狀態，願意社交，享受刺激，當買到了有趣的、新奇的東西就等同於給他帶來了新鮮刺激感。

近些年尤其當網購大行其道後，線上購物填補了人們的零碎時間，隨便掏出手機滑一滑，無需複雜的思考過程，甚至都無需真正下單，也能像是進行了一次放鬆訓練，這就是為什麼一些人即便再晚睡覺也必得滑一滑逛一逛，才能心安理得閉上眼睛睡去。

購物這個過程會讓人產生興奮感，有一種腎上腺素飆升的感覺，說白了就是爽，但你有沒有意識到一個問題，這種興奮感並不是因為你買到了喜歡實用的東西，那根本是你並不怎麼喜歡的或是用不上的東西，是你在買完之後會後悔買了的東西，你的興奮感其實是源自「買買買」這個行為本身。這就是為什麼調查發現，59%的人擔心過自己無法償還帳單，55%的人本想著愉悅心情，卻因為不理性消費，錢花多了，時間都耗了而倍感壓力。

本想透過買買買宣洩壓力減少焦慮，反而因為過度消費壓力山大，更加焦慮，接下來就會花更多的時間來內疚和後悔，「怎麼又這樣了，明明不該買的！怎麼就是忍不住又剁手了……」

小慧和上個男友分手後，突然覺得不夠愛自己，一直以來圍著男友轉，對自己太苛刻了，於是開啟了想逛就逛、想買就買想、花就花模式，不僅網路上買、線下買，還從衣服、包包、鞋子買到了油畫班、烹飪班、花藝班。

看起來她很積極向上，想要改善生活狀態，看起來她是在豐富自我追求突破，直到有一天我提醒她，她才意識到她是在用買買買帶來的快感，防禦對情感喪失的難過和恐懼，她不敢面對自己其實需要抒發、需要溝通。她當然可以透過買買買獲得一些些緩解，可不過是一點點治標不治本的效果，她真正需要的是溝通和交流、親友的關懷，只有內心的癥結解決了，對於親密關係的認知調整了，能處於自尊自愛的狀態，對買買買的需

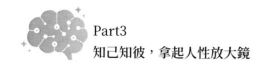

求也就會淡下去。

在心理學上，嚴重的買買買行為、「剁手族」的表現可以被稱為強迫性購物，是一種功能紊亂的消費行為，就是持續過度購物。買之前不快樂，買的時候似乎壓力釋放了心情舒暢了，買完之後又為自己衝動行為感到苦惱。一邊是想買，另一邊知道自己不該買，矛盾著，買買買的行為卻還在繼續，甚至變本加厲。

美國有機構將強迫性購物歸結為「衝動控制障礙」，歸納出以下特徵：在購物上花費大量的時間精力；根本不思考自己的經濟承受能力以及購買的必要性；習慣透過購物的方式安慰、獎勵自己，以獲得滿足；與購物情境相關的刺激很容易產生無法控制的購買欲望；在自己的真實開銷上跟親人朋友撒謊；很多購買的東西幾乎都沒有用過；每次買完以後內心都有後悔、內疚等痛苦的體驗，但依然無法停止購物行為；因購物問題造成人際關係、社會生活方面的不良影響。

如果買買買的行為嚴重到影響了學習、工作、生活，比如工作學習無法專心，遲到早退、效率低下，和家人伴侶常常因為買買買等問題發生激烈爭吵，尤其是生理上感覺不適，像頭痛、精神渙散、注意力下降、視力下降、頸椎病等等，那就需要專業人士的幫助了。

理性買買買，建議做到以下幾點：

◆明確自己的真正需求

當想逛想買的欲望出現了，提醒自己思考，真是因為缺東西嗎？還是遇到事情了心裡不爽了，是什麼事情讓自己不爽了，針對這件事情你真正的爽點在哪裡？想減壓放鬆方法有很多，把錢花在不必要的地方這件事真的蠻沒意思的。

◆列出購買清單

　　將要買什麼，給誰買，必要程度一一列出來，寫的過程其實也是個思考的過程，思考合理性，思考它的價值。常常有小幫手告訴我，在列的時候，或是隔一陣子再看的時候就會劃掉一些內容。當然了也有些人在列出之後還是會在買不買之間舉棋不定，還有些人當遇到了打折優惠大促銷就開始「合理化」自己買買買的想法和行為，「積極」調整自我認知，自己給自己找理由「這個在打折耶，還說就今天有折扣哦，家裡是不是應該添件新的了？好像是的……」是的，即便列了清單，清單在手的43%的人還是會有不理性的消費，怎麼辦？限制消費。

◆限制消費

　　比如規定自己一次只能買一件商品，至多兩件，再定個價格區間，或是允許自己在特別有購物衝動的時候買些額度小的，比如精緻實用的香薰香皂或一支筆，當然了最好是買感受或經歷了，比如一場口碑不錯的電影、一本腦科學解讀職場抓狂事的暢銷書！

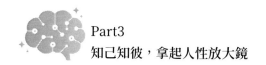

3.3
「刺激」是怎麼讓你上癮的？

　　我們總有喜歡的人，喜歡的東西，喜歡做的事，這喜歡的程度再深一點，就是熱愛，再極致，就是愛得不要不要的，離開一刻都受不了。回想一下，在你身邊，是否也存在這樣一群人，他們總是對某件事特別執著，甚至到了離不開的地步，比如手機一時不在身上都渾身不自在，一天不網購就焦躁不安，而之所以會這樣，其實就是因為上癮了。

　　所謂的上癮，通俗來講，就是一個人很喜歡做一件事情，並且對這件事情形成了某種程度的依賴，學術一點說，這叫成癮，最早這概念來自藥物成癮，現在也涵蓋了行為成癮，它的核心特徵就是明確知道自己這行為是有害的，可是又無法自控。

　　提到成癮，大多人可能會聯想到的第一個現象便是嗑藥、沉迷遊戲，還會覺得這種行為離自己的生活很遠，事實上，癮這件事在生活中十分普遍，而且種類也很多，除了大家立刻會聯想到的針對某些化學物質成的癮，還包括一些很常見的行為上癮。

　　比如，我的一位朋友對咖啡欲罷不能，幾乎到了每天必喝至少 3 至 5 杯、一天也無法離開的地步，這便是一種癮；再比如，你很愛一個人，幾乎到了無法離開的地步，偶爾一天不見，也會坐立不安，這也是一種癮。

　　根據成癮的不同類型，大致可以分為兩類：

　　一是物質成癮，即對藥物、尼古丁、酒精等物品依賴上癮，吸毒、酗煙、酗酒、咖啡成癮，都屬於這一類。

　　二是精神成癮，即對打遊戲、購物、瘋狂追電視劇、性愛、賭博、追星、炫耀等的依賴上癮。這類型的上癮在我們的生活中最常見，尤其隨著科技的發達和網際網路技術的進步，在我們身邊，沉溺網購的、沉溺網遊的、終日流連在「直播間」、「聊天室」的，屢見不鮮。

　　在這個容易上癮的時代，幾乎所有我們能想到的事情，都能讓我們上癮，但歸納起來，最典型的現代上癮症候群主要是以下三種：

　　一是網癮。這裡更普遍的除了遊戲癮，就屬「資訊癮」了，只要手裡有手機，面前有電腦，隔幾分鐘就要滑一滑通訊軟體、某個社交平臺或是某個新聞網站，生怕錯過什麼訊息，甚至於有時候並不一定要得到什麼資訊，就是個習慣性動作一樣，隔一下子就必須要做這件事，每天都會因此用去大量時間，可即便如此，心裡還是不踏實，生怕漏掉什麼，尤其一旦網路出現問題，無法重新整理了，或是手機壞了沒電了，就會焦慮不安、心情浮躁，甚至失眠、頭痛、噁心等。

　　二是購物癮。也就是上文提及的買買買了，是現代人非常普遍的一種成癮行為。據說目前在全球範圍內，至少有 25% 的人有購物方面的問題，強制購物狂的比率達到了總人口的 1% 至 6%。尤其是隨著網路購物的興起，人們的購物方式發生了改變，也讓更多的人染上了購物癮，成為了剁手族。

　　三是工作癮，或說壓力癮。說到工作癮就會連繫到工作狂，若下屬都是工作狂，老闆們是不是可高興了？在現實的生活中，沒有一種成癮行為會像工作上癮一樣受到公司的讚賞和歡迎了吧，通常情況下這些工作狂並不一定是因為生計所迫而燃燒自我的，他們是希望透過工作來證明自己、展現價值。可問題在於，工作壓力過大，超負荷了，一定會影響身體健康，身體出問題之後算不算職災？不算的話，職員就虧大了，身體壞了還

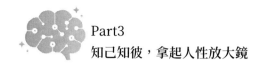
連補償都沒有；算的話，老闆們就高興不起來了，可即便職員得了補償，和糟糕的身體相比，那點錢又算什麼？所以這工作癮無論對職員還是老闆，都得不償失。

所以無論哪一種成癮，都會對我們身體或者生活產生一定的負面影響。問題是，我們應該怎麼避免成癮呢？要弄清楚這個問題，或許我們還是需要從腦科學的角度出發。

腦科學解讀：誰動了我的中樞神經，讓我上癮成性？

腦掃描技術說明，人之所以會對某件事、某個物品上癮，其實是因為這件事、這個物品能刺激大腦中控制情緒的中樞神經，給人帶來巨大的快感。

人的這個「快樂中樞」最早是透過一個實驗偶然發現的。1954 年，心理學家詹姆斯・奧爾茲（James Olds）打算透過實驗研究大腦的學習機制，在大白鼠的腦中插入了一個電極，在牠每次跑到籠中某個特定角落時對牠進行輕微電擊，來記錄反應。某一次白鼠很反常，牠居然自己回到受電擊的角落位置待著，等著電擊，才發現原來是電極位置放偏了，放到了大腦外側下視丘那部分的腦區，再來刺激這個腦區，大白鼠居然自己開始不停點選電擊開關，直到自己被電崩潰。

「快樂中樞」就這麼被發現了，某種刺激下，負責激勵的腹側紋狀體就會釋放多巴胺，產生愉悅感和滿足感，也就是人感受到很爽的感覺，這種情緒感受能力的提高又促進大腦作出決策發出指令，要繼續獲得這樣的刺激，這個過程，也叫作大腦中的「獎賞系統」。

事實上，我們自身的許多行為，以及來自外界的許多刺激，都可以刺激我們大腦中的獎賞系統。比如，當買到了一款新手遊、買了一雙鞋子、

被老闆表揚了，當被朋友稱讚了，甚至是社群發布的東西被點讚了，總之當我們體會到自己被認可了、價值突顯了、有存在感了、爽了，大腦的獎賞系統都會高速運轉。

這便解釋了為什麼喝酒、購物、工作，甚至愛一個人會令我們如此地沉迷、上癮甚至發狂了，究其原因，其實都是因為它們刺激了我們大腦中的獎賞系統。

可是常此以往呢？上癮之後會有什麼後果？多個實驗都證實了：和不玩遊戲的人相比，經常玩遊戲的人，尤其是有遊戲癮的人，腹側紋狀體灰質更多、對血氧的需求也更旺盛，也就是跟嗑藥的藥物成癮者大腦結構是相似的，要知道藥物成癮造成的大腦損傷和變化基本是不可逆的。

同樣的，在頻繁購物、滑社群軟體、滑通訊軟體、重新整理的過程中，大腦不斷受到好玩有趣、刺激新奇或是按讚回覆的刺激，一次次獲得滿足感，久而久之，就會導致「成癮」。當再離開手機、離開網路就會引起「戒斷反應」，輕者情緒不穩定、焦慮、憂鬱、恍惚、健忘、暴躁、發胖等，重則頭痛、失眠、噁心、嘔吐、抽搐等，甚至產生其他嚴重的身體問題。

現在明白了吧，為什麼越來越多的人即便買了書也讀不進去，報名了課程也學不進去，因為平時在追劇、打遊戲、買買買、滑社群軟體、重新整理時獲得的是高頻、強烈的快感刺激，並且是不需要深度思考就能獲得的愉悅感，當大腦習慣了這種形式的快感獲得，具備了對這種快感獲得方式的期待，再回到低頻弱快感刺激的狀態就待不住受不了了，於是就越來越難再靜下心讀讀書寫寫字，更別提深度學習了。

癮究竟因何而成？

在最早，人們對成癮有兩個常識。一個是認為毒品、酒精或者那些讓

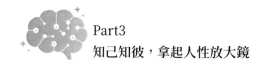

人上癮的東西本身是邪惡的，它們讓人失去理智，無法擺脫；購物也一樣，很多人認為都是因為商家精心設計，用各種飢餓行銷等等的手段「引誘轟炸」，還有就是整個社會不理性的消費主義，起了不良的引導作用。另一個觀點是認為會上癮的人本身意志不夠堅定或者過於貪婪，經不起誘惑。

白鼠樂園是個著名，關於成癮的實驗，這個實驗就打破了這兩種成見。

讓 6 隻白鼠和 16 隻白鼠分別待在兩種環境，一個是擁擠且與外界隔絕的籠子，另一個是五、六平方公尺大，顏色鮮豔，有各種玩具的豪華樂園。兩個環境中都各放上嗎啡水和自來水，為了遮掩純嗎啡的苦味，嗎啡水裡加了糖，成了糖水，而嗎啡糖水旁邊，則是水質渾濁略帶霉味的自來水。

從一開始，擁擠環境裡的白鼠就去喝嗎啡水，嗎啡水裡的糖起初只有一點，隨著實驗越久糖越加越多，最後簡直就是甜膩的糖水，老鼠們還是繼續喝，沒過多久就眼神呆滯四肢無力了，樂園裡的白鼠呢？嗎啡水甜，可牠們大多都排斥，最後發現擁擠籠子中的白鼠喝嗎啡水的頻率是樂園白鼠的 16 倍。

除了打破成見，這個實驗也給人啟發，孤立隔絕的環境不僅讓動物難以忍受，也會給人帶來異常的心理壓力，因而會誘發極端的適應行為，所以令人成癮的，除了藥物的作用或行為本身的意義，人所處的環境，人的內心狀態，像孤獨、無價值感、不被認可、憂鬱等等，都會讓人透過成癮性的物質和行為去尋求安慰。

此外，某些成癮還和基因有關。比如有的人吃一點東西就有飽腹感，有的人天生就是大胃王；有些人吸菸，總是一支接一支，停不下來，而有

的人吸菸，只吸一支就覺得已經「夠了」，這便是基因在作怪。

人體細胞上有「尼古丁受體」。尼古丁是香菸讓人亢奮的主要物質，人在吸菸時，神經中樞細胞上的尼古丁受體就會和尼古丁結合，從而啟動獎賞系統，分泌多巴胺，讓人興奮；不同的人因為基因不同，體內的尼古丁受體數量也不一樣，尼古丁受體數量多的人，只需要一點刺激就能興奮；尼古丁受體數量少的人，則需要更多的刺激。這也能說明，對於同一件事情，為什麼有的人可以淺嘗輒止，而有的人卻會上癮成性。

如何避免受到「成癮」的影響？

研究顯示人格特質和行為成癮有密切的關係，而人格特質又和情緒體驗有密切關係，比如高神經質的人、缺乏良好社交能力的人、缺乏應對焦慮和壓力能力的人更容易有成癮行為，也就意味著更強的情緒控制和管理能力，更合理的認知體系可以幫助應對處理更多生活問題，可以在一定程度上降低成癮的可能性。

很多的沉溺和成癮是因為逃避，遇到挫折了，碰到釘子了，因為無助無奈，產生了失控感恐懼感，導致無措，所以心理防禦產生，逃避行為出現，於是沉溺追劇、玩遊戲、買買買、滑滑滑。

調整認知，需要樹立對自己、對別人、對世界的更合理的認知，比如從結果導向轉為過程導向，一件事情一個專案，企劃過程、思考過程、溝通過程、執行過程、呈現品質等等一系列的過程的經歷往往比結果更重要，對人的修煉都更有積極意義，將關注點從結果目標轉移到過程上，降低對結果的期望，更關注自己在這個過程中的表現和收穫，從這其中獲的益，才是更有價值的獎賞。

提升情緒掌控力，需要了解自己的人格特質，有成癮行為的人通常都很孤獨，缺少人際交流，提升情商是方法之一，多與人溝通交往，多參與

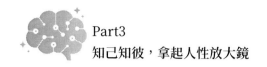

積極的社會活動，過程中同時提高情商，懂得什麼時候什麼樣的情緒表達更合適，也能和他人有更和諧的相處，就會獲得更多積極回饋，獲得存在感和滿足感，進而強化「走出去」這個行為，孤獨感就會減弱了。

　　成癮具有生理依賴和心理依賴兩重依賴性，要打破原來的習慣，以前天天通宵玩遊戲買買買，突然停止了不玩了不買了，就可能引發強烈的戒斷反應，人會焦慮不知所措甚至失眠崩潰，該怎麼辦？創造新的狀態，勇敢建立情感關聯，走出去，和朋友聚會打球出遊徒步，或是和交往對象約會，當感受到了興奮、快樂、甜蜜、溫馨，你會發現，世界那麼大，處處都精彩，躲起來追劇網購買買買什麼的不過是浮雲。

3.4
男人來自火星，女人來自金星？

某個場景：

女孩：好煩啊，這次的財務數據，明明是 A 出的錯，卻要我來揹鍋！像這樣的情況已經出現幾次了，我們經理明顯就是偏心，每次都維護 A，都說他們關係不尋常，我看果不其然！

男孩：其實也不能全怪經理吧，你可以說是經理偏心，但每次都這樣的話，你是不是要反思一下，是不是你哪裡確實做得不夠好？

女孩：你什麼意思啊，你是覺得我受的委屈還不夠嗎？你到底是誰的男朋友啊！

有沒有覺得這個場景很熟悉？相信大多數戀愛中的男女，都有過類似的對話。其實這段對話中，女孩向男孩抱怨是因為感覺委屈，想得到男孩的理解和安慰；可男孩聽到女孩的抱怨，第一時間想到的，卻並不是女孩想要情緒上的安慰，而是理性的針對女孩提出的問題，進行了有些不偏不倚的分析。

在這種情況下，男女之間的矛盾便不可避免地產生了。男生往往困惑於為什麼自己一片好心換來的卻是女朋友的怒火；女生則不明白為什麼自己向男朋友傾訴煩惱，男朋友卻胳膊向外拐，不幫著自己說話。

阿歡有一回就投降了，她說「好吧，男人都是聽不懂女人說話的怪物，我算服了……」；真真說「我生氣了，我男朋友不僅感覺不到，還指著我跟別人說你看看她又奇奇怪怪的不高興了，我老婆好可愛啊哈哈哈」……

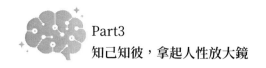

這便是所謂的男女有別。

在工作中，這樣男女有別的情況其實還有很多，比如：跟女上司或女同事相處時需要小心翼翼，因為也許不經意間，她就面露不悅了，你還一頭霧水；女同事會覺得男同事做事粗線條，男同事難以理解女同事為什麼會為一些雞毛蒜皮的事生氣；同一個企劃案，男性選取的角度和女性選取的角度總是很難統一……

《男人來自火星，女人來自金星》（ *Men Are From Mars, Women Are From Venus* ）一書的作者提出過這樣的觀點：

「男人和女人在生活的各個方面都不一樣。他們不僅在交流方式上不同，而且在思考、感受、感知、應答、反應、示愛、需要以及欣賞等方方面面也全不一樣。他們似乎來自不同的行星，說著不同的語言，汲取不同的營養。」

在大眾已有的普遍的認知中，男人和女人在諸多方面存在著明顯差異，比如：

男人往往更強健，女人往往更柔弱；男人往往更趨向於理性，女人往往更趨向於感性；男人說話做事往往更具有邏輯性，女人卻更喜歡憑主觀行事；男人往往覺得女人喜歡胡攪蠻纏，女人往往覺得男人沒有情趣。

為什麼會這樣呢？到底是什麼造成了男女之間的差別以及男女之間自說自話，無法互相理解、互相認同的局面？要解開這一謎團，探究男女本質上的不同，我們還是要藉助腦科學。

腦科學解讀：男人和女人的差異，究竟來自哪裡？

網路上有這樣兩幅男女大腦對比圖：

男人的大腦

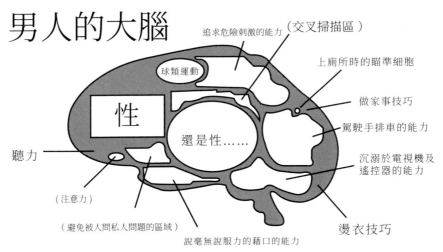

追求危險刺激的能力（交叉掃描區）

上廁所時的瞄準細胞

做家事技巧

駕駛手排車的能力

沉溺於電視機及遙控器的能力

燙衣技巧

球類運動

性

還是性……

聽力

（注意力）

（避免被人問私人問題的區域）

說毫無說服力的藉口的能力

（在半夜聽到小孩子哭）的能力並沒有在這裡顯示出來

因為他太小了，而且這是尚未開發的潛能。

最好的觀測方法是用顯微鏡來看！

女人的大腦

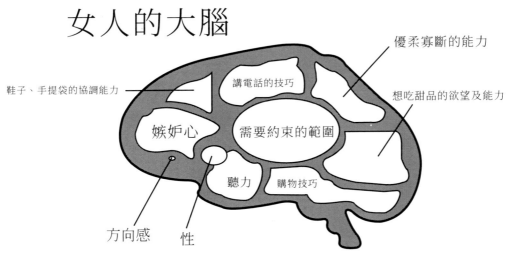

優柔寡斷的能力

想吃甜品的欲望及能力

鞋子、手提袋的協調能力

講電話的技巧

嫉妒心

需要約束的範圍

聽力

購物技巧

方向感

性

圖 男性和女性大腦對比圖

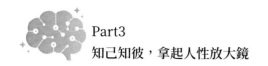

　　這兩幅對比圖把男女大腦思維能力的區別簡單，並生活化地表達了出來，男人大腦中，排第一位的是性，第二位依舊是性，「追求危險刺激」、「動手能力」、「沉溺電視遊戲遙控能力」這三個部分的面積也比較大，表示「注意力」、「聽力」、「家務能力」的部分小到幾乎可以忽略，更別提「半夜聽到孩子哭鬧時的反應力」和「應對女人嘮叨的反應力」了。

　　女性呢，思維能力更多是用在了「需要約束的範圍」、「購物欲望和能力」，面積依次遞減的還有「吃零食的欲望和能力」、「聊電話或聊天」、「嫉妒心」，偏弱的部分是「手腳協調能力」、「性」，最弱的便是「方向感」了。

　　似乎還真是這麼回事，比如許多媽媽都會埋怨每每孩子在夜裡哭鬧，爸爸們都是迷糊著哼哼幾聲就繼續香睡去，為此一肚子苦水，深覺自家男人當爸了之後，對很多事情都不上心、不積極了，其實男人大腦對於聽力（跟性無關的）的反應真是比較弱。

　　早在 1979 年就有研究顯示，男性比女性有更高的空間認知能力，女性在語言能力上比男性更勝一籌。美國賓夕法尼亞大學也做過一項有一定影響的研究，實驗徵集了 8 到 22 歲的 949 名志願者，男性 428 人，女性 521 人，對他們進行大腦核磁共振造影分析發現，男性和女性的大腦核磁共振造影是有很大區別的，如圖所示：

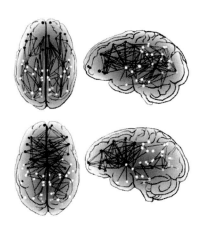

圖 男性和女性大腦的核磁成像

　　我們的大腦分為左右兩個半球，左腦擅長分析思考、邏輯推理，右腦擅長空間和直覺，連線的部分叫「胼胝體」，是溝通左右腦的橋梁。

　　上圖顯示男性大腦的前後區域連線更緊密，左右各自半球區域內的神經元運動會較為集中；相較而言，下圖展現出女性大腦的神經元活動主要集中在左右半腦之間，也就是女性的左右半球間的連線顯著比男性強。

　　男女大腦之間不同的密集連線部分，或許可以解釋男生為什麼能更好的完成單一工作，女生為何能更好的完成多工模式，可女生左右腦的連線更強也展現在應對負面情緒上，同樣是躺在核磁共振裡思考負面事件，體驗悲傷情緒，腦成像顯示女生大腦中喚起的部分更多，形成無數的興奮亮點，而男生亮的部分非常有限。所以女生這邊在「悽悽慘慘戚戚」，男生卻不知所以。

　　根據男女大腦實驗中展現的區別，男性的大腦就能形成促進協調運動的有效系統，女性更加擅長語言情感的表達，並且也更加感性。也就是，

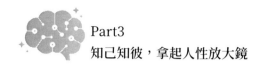

如果一項工作同時涉及邏輯和直覺，往往女生更能勝任，所謂的「女人的直覺」，據說大概就是女生負責思考的左腦和負責直覺的右腦同時運作的狀態。

男生呢，因為是「單線程」，所以也更能專注地高強度執行某個腦區，於是男生常常可以是技術狂、軍事迷、人肉 GPS。一到了問路指路上，男生往往會這樣告訴你，「往前一直走 300 公尺，再向東 100 公尺，十字路口再向北，一抬頭就看到了」，女生會說「往前走，你會看見一間麥當勞，過了麥當勞之後路口向右，一直走一直走，到了十字路口之後往左看，有塊綠色的王菲廣告，隔壁就是了。」

但請注意，這個研究的被試年齡區間是 8 至 22 歲，平均年齡是 15歲，15 歲的大腦還處在發育中，實驗也確實發現 14 至 17 歲之間的男女大腦差距最明顯，而隨著年齡成長，這個差距越來越小。

芝加哥醫學院的科學家利斯‧埃利奧特（Lise Eliot）在 2018 年提出，男女之間的行為差異是後天教育造就的結果，而非來源於先天條件。他認為男女大腦並無結構和功能差異，之所以有行為差異，是源於後天的環境和教育，提及上述賓夕法尼亞大學的實驗，他說「任何在青春期中段進行的研究都可能找到性別差異」。

這一點確實有趣。對於埃利奧特的觀點，我願意這樣解讀：在早期發育階段，女性大腦的成熟速度確實比男性要快，大約快 2 年左右，據說剛剛臨盆的女嬰的腦成熟程度就比同齡男嬰要快 4 週左右，於是這也就展現在了語言等方面，往往女生的語言發展比男生要快。到了幼稚園時期，女生就已經懂得表達「媽媽，我今天和阿雅玩扮家家酒，她推了我一下，我罵了她」，男生則是即便被問及問題，也只作簡單回應，這種早期的表現，透過外部助力，就會形成習慣固定下來。什麼樣的外力？比如老師家

長們會作如此表達「男孩子就是嘴拙」、「女孩子的語言能力就是比男孩子要好」、「男孩子的邏輯空間思維比女孩子強」等等。這些認知，藉助「自證預言」、「皮格馬利翁效應」的作用，就會逐漸內化成為人的自我認知，這樣的行為也就強化了下來。

青春期確實是男生半球內連線優勢和女生左右半球間連線優勢形成的關鍵時期，男女之間就此出現了新的區別，男生單線程，女生可以多工，可這似乎和已經形成的認知和習慣並行不悖，不然你看，到中學時期，女孩子常常還是會聲情並茂地跟媽媽描述班裡發生的事情，可男孩子面對家長「讀書累不累、壓力大不大？」、「最近感覺如何啊？」、「學校有沒有發生有趣的事情啊？」等等問題，大部分的回應往往是「還行」、「沒什麼」、「還好吧」。

人是變化的，環境是變化的，大腦性別的發展也是變化的，也就是在不同的年齡段，性別差異的程度都會有所不同，多個研究也發現，男女在大腦上的差異確實是基因和環境共同作用的產物。

男女在生理上確實有不少區別，比如腦區的代謝強度、啟用區域、激素的生成及生成速度等等，既然腦結構和功能的男女區別問題存在爭議，就來看看激素，比如催產素對男女有不同影響，比如男生體內雄性激素的分泌比女生多等等。

催產素

催產素，看到這三個字還以為是女生專屬的一種激素，確實，生寶寶的時候女生確實會分泌更多催產素，實驗發現催產素程度升高狀態中的女生（不管是否生育）在聽到嬰兒哭的時候，大腦的腦島、額下回的反應程度更加顯著，這大概也能解釋，為什麼當了媽媽後，夜裡睡覺時孩子一

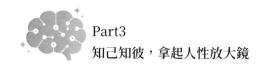

Part3
知己知彼，拿起人性放大鏡

有動靜就會醒來，也所以，媽媽若是不知道自己是受了激素水準影響所以在夜裡更容易醒，也不知道男性大多聽力遲鈍，那麼看到爸爸夜裡聽到哭聲也醒不來，心裡的火氣自然就更大了……

但催產素不是一種生孩子時才會出現的東西，並且不僅僅人類，哺乳動物的很多行為都受到了催產素的影響。男女的體內其實都會生成催產素，但催產素對於男女的作用是不一樣的，這一點在進化過程中也有所展現，遠古時期開始男性就要面對更激烈的同性競爭，更傾向於風險行為、地位爭鬥等等，女性呢，行為上會更加小心，更多的注意力都放在撫育後代上，於是同在催產素的調節作用下，男人的恐懼感會減輕，得以更好地應對競爭，而女人則是保持高敏感度來避免危險，保護後代。

催產素在促進「信任」中相當重要，它又被叫作「道德分子」，它可以整體提高人們的利社會行為，可也有研究指出，同樣給男女施加催產素後，女生會表現出更多壓抑自我中心的想法，這也就是上面大腦區別圖中展示的女生「需要約束的範圍」的面積，會更關注他人的利益，也就是更多的利他主義傾向，而男生的表現卻可能會更自私。這大抵也能解釋女生在當了媽之後的母性大發、為母則剛是怎麼回事了。

睪酮

緊接著說說睪酮，也叫睪固酮，是一種雄性激素，女生身體裡也會生成睪酮，但跟男生比起來自然是程度偏低的，而無論對於人類還是動物，睪酮和攻擊行為有密切連繫，這也是男生從小就更容易打架的一大原因，發生點事就能說出「走！出去打一架！」或是直接上拳頭拿武器，男女體內的睪酮水準區別，相當程度上決定了男生在面對不信任、背叛等其他憤怒情緒時比女生更容易有攻擊行為。

共情

「共情」這些年也成了一個熱詞，這是人本主義創始人羅傑斯（Carl Rogers）闡釋的概念，也被精神分析流派拿來使用了，早期它展現在心理諮詢過程中，心理師就被要求具備較好的共情能力。共情，說的是一種能設身處地體驗他人處境，從而達到感受和理解他人情感的能力，還有一種貼切的解釋，說共情意味著超越自身的自戀，而去理解別人自戀的能力，到了現在，共情不在僅僅指技能，它也被認為是一種社交能力。

同等情境下男女大腦的反應強度的區別，顯示了男女在共情這事上的不同，女生比男生更多的激發了杏仁核、海馬、顳上溝等腦區，男生就在顳頂區比女生有更強的刺激，也就表明了，情緒加工區域的反應幫助女生更容易對別人的情感感同身受，男生就僅僅是在推測。

利己與利他

2017 年，瑞士蘇黎世大學的研究組織針對做慈善時的大腦活動區域進行研究，發現女性的大腦會獎勵友善和助人為樂的行為，而男性大腦傾向於鼓勵自戀行為。

實驗中測試者有兩個選擇，一是自己能得到 10 法郎，二是自己和另一個人一同各得到 7.5 法郎，在做第二個利社會行為的決定時，也就是決定「我們都有錢分」時，女生大腦的紋狀體要比做第一個選擇時更活躍，紋狀體是和獎賞有關的腦區，獎賞系統一活躍，也就意味著做這件事是感覺不錯的，男生就相反了，做自私決定的時候，就是「我自己有錢就好了，別的不管」時，獎賞系統更明顯被刺激了。

男女之前的生理區別當然不絕於此，還有些有趣的實驗也顛覆了我們以往的認知，比如英國一項調查發現：男人平均每天照鏡子 23 次，女

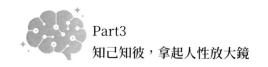

人只有 16 次；在使用手機每天超過 4 小時的人中，女生比男生多出 30%以上。還有，我們總以為女生愛八卦，可有調查顯示，男人平均每天花 76 分鐘用來和朋友、同事聊「關於其他人的事情」；而女人平均只聊 52 分鐘。

人們都期待對自己對異性有更深入的了解，以避免紛爭，增進關係，無論在職場還是在親密關係中，了解越多也就理解越多，關係也就越融洽。

關於兩性的相處，以下或許可以給你啟發：

美國語言學家德博拉·坦嫩（Deborah Tannen）研究了男性和女性談話時，表現出的特徵之後得出了這樣的結論：「男性說話的目的在於傳遞資訊，而女性更偏向於交流。」

我們不妨把視線再投回文章開頭寫到的那段男女對話。在那個交流場景中，女孩想要透過向男孩傾訴，獲得情感支持，男孩卻僅僅認為女孩在向自己傳遞資訊，於是，一個在講情，一個在講理，他們之間便產生了分歧。

其實，這種分歧解決起來也很簡單，那就是當男孩和女孩無法達成意見的一致時，不妨都各退一步，男孩想想「情」上的事，女孩子想想「理」上的事，盡可能體會對方的言談感受。此外，有話直說也很重要，在交流的時候，女孩更應該簡潔、坦率地表達自己想表達的主題。

男女溝通上的矛盾也常常展現在職場，尤其是男性在面對女性的喋喋不休時，會暫時關閉語言接受系統，甚至會有想暴力打斷對方表達的現象。

為了迴避這些矛盾，女性在和男性溝通的時候要盡量避免反覆描述同一件事，男性也應該對女性的「囉嗦」更包容，可以試著來一句「我明

白你剛才的意思了，就是財務那邊需要對方先開立證明，才能進行下一步的流程是嗎？那麼我們現在需要做什麼？」這種重複是一種共情，也表示已理解對方的資訊表達，話題可以往下走或者結束了。

此外，男性對文字的理解能力會比對語言的理解能力更強，所以，男女之間如果語言溝通無效，也可以換個方式，採用 Line、郵件、書信簡訊等形式做書面溝通。

生活中這樣的情境很常見：下班回家後，妻子總是能夠很快地發現家裡變得髒亂了，而丈夫卻渾然不知。許多妻子往往因此而為男性帶上「懶惰」和「髒亂」的帽子，其實對於男性來說這並不公平，因為他們可能並非真的對家不負責任、真的懶惰或者真的喜歡髒亂，只是他們並沒有察覺家裡的髒亂，看看前文男女大腦對比圖中，男性大腦中「注意力」和「家務能力」所占的小面積就能理解了。

解決這個問題並不複雜。可以直截了當地表達，當然了溝通方式要溫和，切忌粗暴埋怨。當妻子覺得家裡髒亂時，不妨明確地給丈夫列一份打掃清單，直白地告訴丈夫什麼時候應該打掃環境，打掃那些區域，打掃到什麼程度。將家事具體量化後，丈夫才會找到做家事的切入點，知道該怎麼做家務，怎麼清理房間。

男性和女性相比，生理、心理、看待問題的視角、處理事情的方式，都具有巨大差異。這些差異，源自先天的基因差異、生理差異，也源自後天環境的作用。

現實的生活中，應該更理性、更客觀地去面對男女之間的思維差異和行為差異，當然，差異會帶來麻煩的同時，也會製造驚喜。正所謂「男女搭配，幹活不累」，如果來自金星的男人和來自火星的女人能夠和諧的並軌，優勢互補，就能實現「雙贏」。

Part4
高情商是成長晉升的法寶

　　明明真誠相待，還是無法和同事融洽相處；明明知道發脾氣不好，還是控制不住；明明知道某句話不能這樣說，還是忍不住脫口而出……這一切的發生，都離不開「情商」。高情商是職場人際關係的黏合劑，是高效工作的保障，更是職場人成長晉升的法寶。擁有了高情商，我們在職場上也更能夠遊刃有餘了。

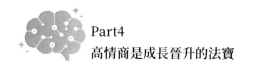
4.1
情商究竟是什麼？

情商這個詞，相信大家都不陌生。

生活中，我們給高情商下的定義往往是：熱情有自信、體貼細緻、關照他人、反應迅速、意志力強、自控能力強、收放自如、顧全大局、能推心置腹、察言觀色、控制自己的情緒等。

比如，一個人處事圓滑、面面俱到、有禮有節，深得人心，我們通常會說：「這個人情商真高！」；而如果一個人不懂禮節、沒有規矩、口無遮攔、無知幼稚、自以為是，我們則會評價：「這人真是情商低，令人無語！」

部門聚會去唱KTV，一個年輕人點歌的時候不小心把老闆的歌切了，老闆正唱得投入忘我，驟然停了音樂，大家都目瞪口呆，年輕人卻一臉尷尬：「啊，我以為是原唱，就把歌切了……」我們會感覺這個人情商挺高啊！

職員撞碎了辦公室的玻璃門，老闆趕緊走來噓寒問暖，得知人沒受傷後，轉身叫辦公室主任：「你去跟他說，讓他賠！」辦公室主任是這麼對職員說的：「你和老闆很熟嗎？他為何這樣關照你，特意吩咐我讓你賠個便宜的就好了。」這也是一種高情商的表現。

如今，我們似乎對情商越來越認可、越來越追捧，甚至，很多時候，我們對情商的重視，還遠遠高於我們對自己大腦內舉足輕重的神經遞質的重視。

當然，這也無可厚非，畢竟在現實中，情商和實際生活裡的具體表現直接掛鉤，無論是應徵求職、升遷任用，還是相親戀愛，大家都很注重情商，它給我們帶來的利弊是一目瞭然的。

在我們的生活經驗裡，高情商的人，似乎總是更容易獲得關注、認可和喜愛。而無數的「血的教訓」也告訴我們，情商低的人，容易得罪人，還常是扶不起的阿斗，成事不足敗事有餘。

如今市面上的情商類書籍林林總總，還都被歸納在「成功勵志」而非「心理學」的區域，這也因為情商高低是成功與否的一大決定性因素，既然情商這麼重要，那麼，情商究竟是什麼呢？

腦科學解讀：情商是個什麼鬼？

情商（EQ）也被成為「情感智商」，它是相對於智商（IQ）而言的，代表的是人的情緒、情感、意志、耐受挫折等方面的特質，它與智商相輔相成，互為影響。

1990 年，美國耶魯大學的彼得・薩洛維（Peter Salovey）教授和新罕布希爾大學的約翰・梅爾（John Mayer）教授正式提出了「情感智商」這一術語，他們把情感智商主要歸納為三種能力：一是準確評價、表達自己情緒的能力；二是有效調節自己情緒的能力；三是將自己的情緒體驗運用於驅動、計劃、追求某種動機或意志過程的能力。情商的提出是現代心理學領域的重大研究成果之一，然而在當時，它卻並沒有受到全球的關注。

直到 1995 年 10 月，時任《紐約時報》（*The New York Times*）專欄作家的美國人高爾曼（Daniel Goleman）出版了《情感智商》（*Emotional Intelligence*）一書，由此，「情商」這一概念得以透過更通俗、更容易理

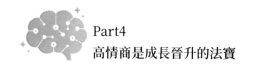
解的方式呈現在了大眾面前，引發了全世界人民的廣泛討論。丹尼爾·高爾曼也因此被譽為「情商之父」。

在高爾曼看來，情感智商主要包括五方面的能力：

第一、認識情緒的能力

比如，你考試沒有通過，有些難過，你是這麼想的：「考試沒通過，難過失落也是正常的，但我真想當律師，所以儘管這次考試沒通過，目標是不變的，若是調整複習策略我相信我是可以通過的，所以我決定要更努力的研習案例法規，好好備考！」

此時，你所展現的就是認識自身情緒的能力，即：你了解自己的情緒，你知道自己該做什麼、不該做什麼。

第二、妥善管理情緒的能力

比如，家裡老人又掏錢買了一大堆沒有認證的保健食品，你非常惱火！但你告訴自己，要忍住，不要輕易動怒，並且你告訴自己:「我生氣，是因為老人錢花得不值得，早跟他說是個騙局還不相信，三番五次白白給人送錢。老人是想健康、想長壽，同時他的孤獨、脆弱，也成了不良商家抓住的弱點，我光發火也沒用，最重要的還是多陪伴，好好跟老人分析商家是怎麼詐騙的。」

在處理老人買沒有認證的保健食品事件的過程中，你所展現出來的，就是一種情緒管理能力，即：明白情緒的爆發一定有事件的導引，事件背後的緣由才是解決的關鍵，發火於事無補，還會導致事與願違。

第三、自我激勵的能力

比如，你在情感路上遇到了人渣，你被劈腿了，雖然你很傷心，你也明白，傷心歸傷心，傷心過後，還是要吸取經驗教訓，避免再次被別人的甜言蜜語輕易矇蔽，不能因此對愛情失去信心，尤其不能因此對自己失去信心，放寬心做好自己，愛情就在不遠處。

此時，你所展示的，便是一種自我激勵的能力，即：挫折面前允許難過，但懂得反省，還能保持積極樂觀。

第四、認識他人情緒的能力

比如，老闆黑著臉從你身邊走過，你就會在心裡默默的分析：為什麼他不高興呢？是我做錯了什麼？還是他剛才遇到了煩心事？老闆這時候不開心了，那我要彙報的事情還是緩一緩吧，這兩天和老闆說話要更謹慎些才好。

這便是一種認識他人情緒的能力。

第五、人際關係的管理能力

這一點很好理解，就是我們處理與維繫與他人之間關係的能力。

情商常被誤解

由於傳播途徑和傳播品質的原因，關於情商的定義五花八門，也出現了各種偏差，這便導致人們對情商的理解也出現了偏差，會輕易將人格、性格、品性、情緒等與情商混為一談。其實，情商是人控制情緒的一種能力，而不是某種情緒，更不是某種品性或性格，這就好比智商是獲取知識的能力，而不是知識本身一樣。

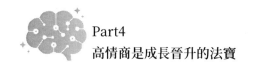

情商常被用來「唬弄別人」

至少目前為止，情商是無法用科學手段量化的。如今，隨著科學的發展，人類早已能夠透過各種有效的方式測量人格、智商等等。但是對於情商，目前卻並沒有一種被廣泛認可接受的科學測量方式，無法測量，就沒有客觀結果，就只能憑藉主觀去判斷，換言之，誰的情商更高、誰的情商更低？什麼樣的人情商低、什麼樣的人情商高？這些問題，都沒有統一的標準答案，都是你說的可以作數，他說的可以作數，也可以都不作數。更多時候，人們對情商的判斷還是要憑感覺，情商也就容易成為「唬弄」的手段，比如一些被取締的心靈培訓機構，根本不具備科學權威背景卻能開設「大腦潛能開發課」、「情商提高課」，給孩子培訓給成人培訓，能不能提高情商、開發潛能就隨他唬弄了，但從人的錢包賺取了不少錢是一定的。

不同於智商，情商的高低相當程度上取決於後天影響，那麼，在生活中，有哪些有效的途徑可以幫助我們提高自己的情商呢？

◆有界限感

劃清界限這件事聽上去挺不近人情的，但其實在人際交往中常常會發生界限不清所導致的矛盾和衝突，一個人若是界線感不明顯，自己的事情就處理不好，原本該自己完成自己承擔的事，就會依賴他人推卸責任，比如在小時候，吃飯穿衣這種事，習慣了被幫助被決定，自己也懵懵懂懂，成人後，界限不清可以展現在情感上「都是我運氣不好，都是人渣太多，所以我情路不順，總遇到奇葩！」展現在職場上，「都是他的錯，我之前都跟他說過了，跟我沒有關係啊，我什麼都不知道！」；同樣的，既是自己的界限感不清晰，對於別人的界限感也是不清不楚的，於是也容易侵犯別人的界限。很多時候，導致我們和別人相處困難、互相傷害的，正是我

們自己的界限不清，和別人之間的界限也不清晰。

　　所以，劃定恰當的心理界限是提升情商的第一步。生活中必須明白，什麼是自己要做的事，什麼是別人要做的事，哪些是你不能對別人做的，哪些是別人不能對你做的，尤其當別人侵犯了你的邊界，請勇敢的「Say No！」，直接了當地表達自己的合理感受和態度。

◆具備讓自己平靜下來的能力

　　從遠古時期開始，我們的原始人祖先一旦遇到危機了、面臨壓力了，腎上腺素上升，心率加快，血液就會往四肢湧，大腦給軀體生理下的指揮就是在給人的「逃跑」和「躲避」做準備，進化把這樣的應激反應也帶到了今天，當我們被刺激了，也容易做出失常的行為舉止，這一點詳見第二章情緒問題章節。所以，控制好自己的情緒，在感覺自己快要失去理智的時候拉自己一把，努力讓自己平靜下來，是提高情商的關鍵。

　　通常，控制情緒爆發的方法有很多，比如前文提到的，為了等待理智腦發揮作用，需要在受到刺激後深呼吸，等一等靜一靜，或是自我暗示、自我放鬆等等，盡量轉移注意力，比如在深呼吸的過程中，將注意力放在感受上，感受吸入空氣時鼻腔涼涼的，呼出氣時鼻腔暖暖的。

◆為自己樹立學習的目標

　　想一想自己身邊有沒有很羨慕的人，或者有沒有誰的某種特質非常吸引你，讓你也想成為那樣的人？如果有，你就可以將他樹立成自己的榜樣，比如隔壁部門的主管老吳，被評價情商特別高，工作的時候高度專注一絲不苟甚至有點不近人情，可私底下又能和同事們打成一片，很受歡迎，你內心很佩服他。

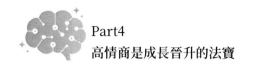
　　那麼，你就可以把他當成一個學習的目標，透過觀察，看看他是如何應對職場事務如何與人打交道的，比如盡可能不在辦公室談家事，遇到矛盾了就立刻想對策解決而不只是發洩情緒，盡可能維護大家的利益和面子，講義氣重承諾等等。

　　當以此要求自己，這個過程中定會開發自己更多的潛力，在學習目標追趕榜樣的過程中，自然而然就能提升情商。

4.2
為什麼別人都說你情商低？

　　在職場中，大眾普遍認可的一種觀念是情商比智商更重要。回憶一下，在你的職業生涯中，是否也發生過類似的情境：明明真誠相待，還是無法和同事融洽相處；明明知道發脾氣不好，還是控制不住；明明知道某句話不能這樣說，還是忍不住脫口而出……當你有這些舉動，通常，別人就會在背地裡評價你：「真是個情商低的傢伙！」

　　小米剛踏入職場不久，然而，這個在學校裡成績優異、在家裡備受寵愛的優等生，在職場裡卻過得並不如意，似乎身邊的同事都不喜歡她，她也總是感覺備受冷落。當然，這一切都是她的低情商造成的。比如，有一次，同事小張穿了件新衣服，大家都說好看，小米卻直言不諱：「這個顏色太老氣了，不適合你呀。」

　　因為小米總是口無遮攔，主管曾私下找她談過一次，並委婉地提醒了她。後來，小米果然收斂了許多，說話不再沒輕沒重了，卻一不小心，從一個極端走向了另一個極端，言語間多了許多遲疑，顯得特別不真誠。這樣的小米，同樣不被大家喜歡。

　　為此，小米十分迷茫，也十分受傷，她不知道自己究竟應該怎麼做，才算得上是真正的「高情商」，為什麼她說話真誠的時候，大家覺得她不夠委婉，她言語委婉了，大家又覺得她缺乏真誠？小米問我，難道情商真的是天生的嗎？衡量情商的標準，究竟是什麼呢？

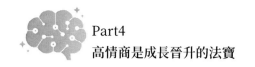

其實，不管是在職場上，還是在生活中，和小米有一樣疑惑的人都不在少數。他們因為不同的原因，被身邊的人貼上了「低情商」的標籤。意識到自己不被喜歡後，他們也積極地做出了改變，努力彌補大家認為不足的事情上，可改變後的他們，卻依然撕不掉「低情商」的標籤，依然不被大家所接受。

我們現在已經可以透過很多方法測量智商，可是情商，又該怎麼衡量呢？大多數時候，當我們在評價一個人是否擁有高情商的時候，並沒有統一的標準，我們所憑藉的都是感覺。

那麼，情商究竟是與生俱來、不可改變的，還是可以透過後天培養的呢？低情商的背後，又蘊含了怎樣的真相呢？

腦科學解讀：我為什麼會情商低？

科學家給情商下的定義是：一個人自我情緒管理以及管理他人情緒的能力指數，這種能力與智商相關。根據這個定義，我們可以做出這樣的推論，如果一個人控制自己情緒的能力很強，而且能夠讓別人的情緒變好，我們就會認為這個人的情商很高；相應的，一個人如果管理不好自己的情緒，還總是讓自己的負面情緒影響到其他人的情緒，我們就會說這個人的情商很低。

從這個角度來說，我們在衡量一個人的情商時其實是有一定標準的，我們的標準，往往就是這個人能否讓我們感覺舒服愉悅。

那麼，情商是與生俱來的嗎？

我們都知道，人的外貌是可以遺傳的，因為受到 DNA 的遺傳作用的影響，我們的膚色、單雙眼皮、鼻梁下巴等外貌特徵都是遺傳父母的；我們的身高胖瘦、色盲、過敏、心臟病、精神病等，雖然不屬於絕對的範疇，遺傳機率也不低。

　　我們的性格，雖然也受到遺傳因素的影響，但相對來說，受後天的影響更大。通常，性格所表現出來的穩定的態度和相應的行為方式，屬於心理特徵和人格特徵。

　　而情商，受遺傳因素的影響就更小了，基本都是後天形成的。也就是說，如果你的爸爸媽媽情商不高，你未必就一定情商低，如果你的爸爸媽媽情商很高，你的情商也未必就一樣高。

　　三字經裡說：「人之初，性本善。性相近，習相遠。」在生命之初，我們的性格都是十分相似的。你很難看到幼稚園的小朋友互相指責對方情商低，並且因此孤立排斥誰，大家都是相似的天真乖巧。人的性格和情商的差異，通常是在後天養成的。每個人的成長環境不同，經歷不同，受過的教育也各不相同，這些差別就造就了每個人情商的差別。

　　說到這裡，相信大家都已經明白了，情商不是與生俱來的，而是可以透過後天的練習習得的。回想一下，你最早是如何發現自己情商低的？

　　我想，大部分人的答案，可能都是透過網路上的心理測試小遊戲、透過查閱數據總結歸納或者透過別人的告知。那麼，當你意識到自己情商低之後，你又是怎麼做的呢？你是不是在後來的漫漫人生路上，一邊在「低情商」的咒語裡掙扎煎熬，一邊渴望著提高情商，並且付諸行動？

　　可惜的是，對大部分人而言，這個提升情商的過程並不順利，甚至還會過猶不及。當被貼上「情商低」的標籤以後，許多人的第一反應往往會是感覺到憤怒和質疑，不明白為什麼自己會被下這樣的判詞，隨即便陷入了無盡的迷茫當中。在日後的生活和工作中，這些人會對人際關係更加敏感，有些人甚至會為了擺脫「低情商」的標籤而形成討好型人格，比如上文中提到的小米。可是討好型人格依然不等於高情商。也就是說，不管怎麼努力，他們似乎都擺脫不了「低情商」，於是，他們會陷入一種因

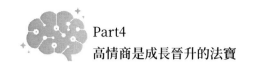

為努力了也無法提高別人對自己的評價而產生的消極情緒，進而喪失自信，感覺迷茫。

其實，不論是在職場中，還是在日常生活中，相信沒有一個人會喜歡「低情商」的標籤。這個標籤的確是一個很傷人、很要命的標籤，它對於習慣性不認可自己的人，對本身就不夠自信的人，會是自虐的工具，對於習慣性攻擊別人的人，會是傷人的工具。它會導致一個原本情商就不高的人不斷否定自我，甚至陷入情商斷線的境地。

我們都知道，對於一個常常食不果腹的人而言，他會將更多的心思放在如何填飽肚子上，這是人的最基本的生理需求決定的。而當一個人內心自信不足，自我認可不足時，他的心理其實就是食不果腹的，這時候，他就會花更多的精力來關注自己的「不自信」和「不夠好」，把所有的目光都集中在「低情商」這件事上。此時，他是沒辦法去顧忌別人的感受和環境的需要的。他自己就搞不定自己的狀態，而這時候你還要求他舉止文雅、從容淡定，要求他做到不以物喜不以己悲，顯然是不可能的。

換言之，很多人之所以會情商低，其實正是因為缺乏自信和自我認可。

所有，要想從根本上解決一個人的低情商的問題，要想讓自己擁有高情商，最關鍵的一點便是要先把自己的心「餵飽」，也就是找回自信，切忌妄自菲薄，多一些自我認可！

4.3
會逢迎討好不等於情商高

　　會說話懂討好，往往被認為是情商高的表現。

　　許多人會對與陌生人交流這件事感到抗拒和惶恐，但職場生活中，我們很難迴避一些必要的社交談話。說話的藝術就成了一門大學問，學會如何說話，如何迎合談話對象，也是一門職場必修課。

　　大導演馮小剛在自傳《我把青春獻給你》中曾提到了自己過去的經歷。那時的馮小剛還是個名不見經傳的小導演，沒有門路也沒有靠山，他要為自己的電影籌措資金就必須要和一些企業家、老闆應酬。

　　馮小剛家境貧寒，少年時代就進了軍隊磨練，初入商場的時候並不知道該怎麼和那些大老闆打交道，只聽說應該多誇獎別人，於是為誇而誇，十分生硬。後來他經高人指點，不斷練習，逢人就誇、張口就來，也誇得越來越自然，常常誇得人心滿意足、心花怒放，這也在一定程度上幫助他成就了後來的順風順水。

　　懂得逢迎討好，能夠到什麼山頭唱什麼歌，說出別人願意聽、愛聽的話，具備這種能力的人，無論是在生活中，還是職場上，似乎都能如魚得水，處理起事情來，也往往事半功倍，所以，在很多人眼裡，能說會道是闖蕩江湖的必備利器。

　　不過，也不是所有會說話的人，生活和工作都能順風順水。有一些人的逢迎討好，未必就是高情商。

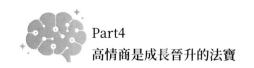

小蘇，因為能說會道，常常被評價「情商很高」。可這樣的「高情商，」卻讓她有點苦惱。

在工作中，小蘇的同事常常以小蘇是研究生、工作能力強等藉口把自己的工作推給小蘇，讓小蘇幫忙完成本該由這同事自己完成的任務。但在公司計算績效，進行業績考核的時候，這些同事又態度丕變，隻字不提小蘇曾幫她們做過的事情。

除此之外，小蘇會逢迎討好的性格，也讓她的感情生活屢屢受挫。小蘇曾經交過一個十分喜歡的男朋友。對於這個男生，小蘇掏心掏肺，為了討男友歡心，從不下廚的她學會了做飯，幾乎包攬了家中的一切家務事，還用自己的薪水給男友買那些他喜歡卻嫌貴的禮物。然而，這樣的小蘇，等來的，卻是男友的劈腿和一句絕情的「我們不合適，分手吧！」小蘇氣憤，男朋友卻說：「你管東管西，哪裡像是我女朋友，根本就是我媽！」

漸漸地，小蘇發現，別人口裡的「高情商」，似乎並沒有讓她收益。她越是逢迎、越是討好，得到的支持和認可似乎越少，甚至讓她越來越卑微、越來越被看不起。

為什麼會這樣呢？

腦科學解讀：為什麼逢迎討好不等於高情商？

要弄清楚這個問題，或許，還得追溯到小蘇的童年時期。

小蘇的父母是典型的中式家長，他們對小蘇的教育核心就是告訴小蘇：你要聽話。如果你不聽話，我們就不喜歡你了；你不聽話，警察就會把你抓走了；你不聽話，我們就再也不管你了……父母的這種教育在幼年的小蘇心中埋下了一顆不安定的種子，他們的言行讓小蘇覺得，父母的愛是有條件的，這個條件就是必須聽話。

於是，年幼的小蘇從那時起就學會了隱藏自己，刻意迎合，為了讓父母喜歡而聽話。

再長大一些，小蘇上學了，父母和老師對她提出了更高的要求，他們覺得小蘇應該出人頭地，應該優秀再優秀，應該更加堅強，應該……父母和老師的要求給了小蘇巨大的壓力，她本就在「聽話」的教育中成長，習慣了去迎合他人的期待和要求，這些壓力與她自身的性格相疊加，讓小蘇逐漸形成了討好型人格。

在這種討好型人格的支配下，小蘇漸漸迷失了自我。生活中，她乖巧溫順，懂得察言觀色，總是習慣性的討好迎合他人，卻不在意自己的想法。她以為只要聽話，討好別人，讓別人感到高興，她就能獲得別人的認可和肯定，她就是安全的、有價值感的。

看到這裡，我們不難發現，其實小蘇的會逢迎、會討好，未必是因為她真正具有高情商，而更可能是童年陰影導致的。

心理學上有這樣一種觀念：每個人成年之後的行為舉止，其實在他們的童年時代就已經決定了。換言之，人的性格取決於這個人童年的生長環境；人的思維模式和潛意識裡的慣性也是童年時代的經歷所決定的。很多人成年之後在社會裡的各種行為，其實在他們的童年時代都有跡可循。

小蘇的父母那樣教育小蘇，小蘇也「成功」被教育成懂得逢迎討好的人，這裡也涉及「自證預言」這個概念，這在第三章節有聊過。

我們心中都有著這樣或那樣的心理預期。當我們對某個人心懷期待的時候，就會不自覺地用言行暗示對方，對方也就會在明示和暗示下按照那個預期去發展。

小蘇就是典型的在父母的心理預期下，「自動自覺」形成了討好型人格的人。換言之，教會小蘇逢迎討好的，不是所謂的高情商。

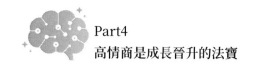
其實，人們在人際交往過程中如何看待交往對象，往往是取決於交往對象的個人價值和人格魅力，而不是你是否會逢迎討好。一味地逢迎討好有時候並不能提高你的個人價值，反而會損害你的人格魅力。這也是為什麼，小蘇會受「高情商」困擾和影響的原因。

那到底怎麼做才是真正「高情商」的展現呢？我們又該怎麼樣擁有「高情商」？針對一些朋友的狀態，有以下建議：

一是，自信不足的朋友中，有一部分人是因為外形，有太矮而不敢和女生交流戀愛的男孩，有身材偏胖而抗拒社交的女孩……還有相當一部分人自認為外形上有缺陷，可其實外形條件分明不錯。這些朋友，因為自己外形的缺陷缺乏自信，存在感價值感低下，於是四處逢迎避免被排擠。這自然跟自我認知有關了，這些認知源自原生家庭和早期生活經歷，如小蘇一般。

五官臉蛋雖然重要，決定了「第一印象」，但這是基因遺傳決定的，再者，各花入個眼，美不美是見仁見智的事，相比之下，外形氣質更重要，所謂「人靠衣裝馬靠鞍」，從日常生活到文藝圈，有很多氣質很棒很討喜的人，單論五官長相其實只能說一般般，是靠打扮造型，塑造出時尚得體的外形，是自信、才華養成了不凡的氣質，所以這外形，尤其氣質真心重要。

衣著品味與造型是自己可以決定的，你可以翻閱各種造型指南，可好的氣質一定是建立在高度自尊自信和內涵才華的基礎上的，「腹有詩書氣自華」就這意思，所以歸根究柢，自尊自信，有內涵有才華的人，就能活出精氣神，就能活出精彩人生！

其次，很多逢迎討好源於一種對他人的依賴，因為自己內心力量不足，所以寄希望從他人那裡獲得力量。比如和小蘇一樣，無原則的為他人

服務，無法拒絕他人的要求，是因為害怕不被認可，害怕被拋棄，害怕孤獨，這也是自我認知不清晰導致的界限感不清晰造成的。

　　大多數時候，過於周到反而不會讓人特別重視和珍惜，只有量力而行，做好自己分內的事，有原則有底線，在朋友需要幫助的時候提供適當的幫助，這是合理的人際之間的相處之道。

　　最後也是最重要的一點就是，從今天開始，停止低價值的逢迎討好堆笑臉，全面了解自我，開啟心結，然後遵循內心，從內而外獨立起來，說想說的話，做想做的事，只有勇敢邁出第一步，敢說敢做了，才能進階到會說和會做。

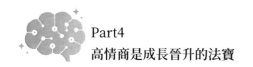

4.4
提高情商，從停止抱怨開始

在我們的身邊，總是充斥著各式各樣的抱怨：抱怨交通、抱怨空氣、抱怨家人、抱怨孩子、抱怨工作太辛苦、抱怨賺得太少、抱怨制度不合理、抱怨人生不如意、抱怨有人無品無德、抱怨有人無情無義……

其實，抱怨不是這個時代的專屬。關於「抱怨」一詞，最早大約來自《晉書·劉毅傳》：「諸受枉者，抱怨積直，獨不蒙天地無私之德，而長壅蔽於邪人之銓。」意思是說：許許多多的蒙冤者怨聲載道，為什麼這個世界對我們如此不公，眼睜睜看著我們受到佞人的迫害。

在漢語詞典裡，抱怨的意思是「心中懷有不滿，責怪別人」。從心理學的角度來說，抱怨屬於一種心理壓力的宣洩，當我們感覺到憤憤不平時，或者當我們受到不公平待遇時，我們內心就會滋生抱怨的情緒。這麼看來，抱怨其實也是我們的一種權利，是我們實現個人訴求的一種方式。不過，這種方式不一定可取，也不一定能幫助我們達到目標，甚至有可能會起反作用。

生活中，幾乎每個人都抱怨過或者聽過別人的抱怨，可你有沒有發現這樣一個現象：大多數人抱怨的內容，並不是海盜太多、毒販太猖獗或者非洲的蛇蟻蚊蟲太毒、南美洲沒有熱水喝，大多數人抱怨的都是和自己利益息息相關的事情。

而我們抱怨的對象，也大多數是人，並且是與我們在現實生活中有某種緊密連繫的人。比如，我們會抱怨職場人際關係的不平靜，會抱怨和另

一半的關係日漸冷淡；我們會抱怨父母之間總是爭吵，會抱怨和女友之間存在矛盾；我們會抱怨和朋友之間出現信任危機，會抱怨和同事之間工作分配不均……也就是說，我們抱怨的對象，大多數都在我們所處的同事關係、親密關係、朋友關係的網路中。

對於抱怨，需要辯證地看待。不可否認的是，我們抱怨的某些事確實是客觀發生的不合理的事，但也有相當一部分的抱怨，其實是我們在為自己的失敗或者錯誤進行辯解，是我們在幫助自己找開脫的理由，是我們在為自己的行為做「合理化」處理。

抱怨可以作為一種情緒的宣洩，但並不能解決任何問題，抱怨甚至有毒，很多時候會讓我們置身尷尬境地、對我們產生巨大的負面影響。

設計師小公是文藝女青年，家境優渥，詩書琴畫幾乎都精通，她信奉「愛情萬歲」，選擇了一個學歷不如她、家境不如她，但高大帥氣的男人；婚後她和公婆之間是各種過招，最令她不能接受的是婚後先生的「不安分」，和同一個社區的異性搞起了曖昧。兩個家庭和兩個人的差距讓她心理越來越不平衡，她開啟了抱怨模式，抱怨的內容就是公婆鼠目寸光、愛貪小便宜、老公不關心自己、自私任性，吃著碗裡看著鍋裡的。起初聽抱怨的姐妹們還耐心勸解，幫她分析，可小公的反應無一例外都是：「我都明白！道理我都懂！我就想說說，說完就舒服了。」

在相當長的一段時間裡，小公就讓自己進入了「難受-抱怨-釋放-舒坦-難受-抱怨-釋放-舒坦」的循環裡。慢慢地，姐妹們聽得多了，也不再說什麼，甚至還有姐妹為了不聽抱怨，找藉口不和小公見面。就這樣，原本好好的閨密如同假面閨密花似的，難再聚，小公和老公也分道揚鑣了。

你看，這便是抱怨的毒。

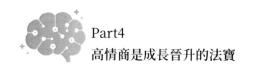

通常，抱怨的目的無外乎有兩種，一是為了獲得別人的支持和理解，另一種是為了發洩情緒、貪圖一時嘴快。很顯然，小公的抱怨就屬於第二種。小公其實並不需要別人的分析或者勸說，她需要的，只是一個情緒垃圾桶。問題是，在現實的生活中，有多少人會願意做別人的情緒垃圾桶呢？

莫說抱怨，任何事情過度了，人都會產生厭惡心理。更要命的是，情緒具有傳染性，尤其是負面情緒。大腦對於人的行為方式和思維方式都有記憶，如果負面資訊接收多了，就會激發起類似的負面情緒，受影響，養成類似的消極的行事方式。而如果長時間處在消極情緒中，輕則受不了想逃離，重則會變得麻木遲鈍。

問題是，既然抱怨解決不了任何問題，還會帶來負面影響，為什麼在現實的生活中還是會有那麼多人喜歡抱怨呢？怎麼做，能改變愛抱怨的狀態？

腦科學解讀：我該怎樣停止有毒的抱怨？

許多人愛抱怨的一個根本原因，是抱怨能給人帶來優越感。

通常，當我們認為自己理所應當是優秀的、是正確的時候，我們內心就會產生一種優越感，並且更樂意追求這種實則沒有根基的優越感。

和那些愛評價別人、好為人師的人一樣，愛抱怨的人頭腦中也會存有這樣一種觀念：我是正確的、你是錯誤的、我是獨醒的、你們是皆醉的。按照這樣的邏輯，當這些人在評價、指點、批評、數落、指責、抱怨別人時，既能逞嘴巴上的爽快，還能享受到優越感。

並且，在這種優越感的支配下，這些人就會對人和事劃分界限區別對待，輕易就把世界一分為二，認為非黑即白，認為所有的東西不是對的，就

是錯的。這也從另一個側面說明了，愛抱怨的人，其實內心都存在一種執念，他們無意識地被這種執念框住，在和別人的溝通交流中，倚賴著這種毫無根基的飄渺脆弱的優越感，對一切不同的聲音心存戒備並將其拒之門外。

在他們看來，任何不同的聲音似乎都是對他們優越感的一種侵犯。而有侵犯就必然就會產生防備，所以，大多數愛抱怨的人，其實是聽不進去別人的意見或建議的，接受不了不同聲音、不同觀點、不同行為和不同生活方式的。更重要的是，那些愛抱怨的人，對自己的這種執念，通常並不自知。

從這個角度看，當身邊有人總是無休無止向你抱怨，別妄想你的理智勸解和熱心幫助真能夠幫助他「治」好他，你當然可以嘗試引導他走向光明，但如果發現愛莫能助、無能為力了，最好還是保持一定的距離。

當然，生活中我們每個人也該時刻覺察自己，及時識別自己的負面情緒，當有抱怨的時候，有效的疏導自己，最重要的是給自己搭建一道心理防火牆。

分享一個很著名的心理學小故事：

某一天，卡斯丁早上起床後，在盥洗的時候隨手將一只名貴的手錶放在了盥洗臺邊。卡斯丁的妻子在收拾盥洗臺時，因為擔心手錶被水淋溼，所以就將手錶放到了餐桌上。這時候，卡斯丁的兒子坐在餐桌邊吃早餐，拿麵包的時候一不小心將手錶碰到了地上摔壞了。

因為手錶價值不菲，卡斯丁很心疼，就把兒子打了一頓，並且責備妻子不該動自己的手錶。對於卡斯丁的責備，妻子十分不服氣，生氣爭辯說自己是一片好心，怕手錶會被弄溼。於是，夫妻二人發生了激烈的爭吵。後來，卡斯丁一怒之下連早餐也沒吃，就直接開車去上班了，走到公司門口才發現，原來自己忘記帶公事包，於是只好掉頭回家。

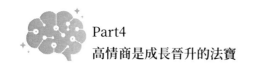
當卡斯丁到家的時候，妻子上班去了，兒子上學去了，家中並沒有人。因為卡斯丁的鑰匙放在公事包裡，所以，進不了門的他只好給妻子打電話，要她送鑰匙回來。

接到卡斯丁的電話後，妻子急急忙忙從公司趕了回來，在路上，不小心撞翻了一個水果攤，水果攤的店主拉住她要她賠償，於是妻子只好賠了一筆錢。

後來，卡斯丁終於等到了妻子拿到了公事包。可是等到卡斯丁再次趕到公司的時候，他已經遲到了，為此，卡斯丁捱了上司的一頓罵，導致了一整天的壞心情。在下班前，心情不佳的他又和同事因為一點小事大吵了一架。

而她的妻子也因為早退被扣除了當月的全勤獎金；他的兒子因為捱了父親一頓打，心情不好，輸掉了一場原本十分有希望贏的比賽。

不知道大家有沒有發現，在這個故事中，後面一系列的事情，其實都是由於手錶被摔壞而引起的。也就是說，正是由於卡斯丁沒有處理好摔手錶這10%的事情，才導致了後面90%的事情，才導致了這「煩悶」的一天。

這便是由美國心理學家費斯汀格（Leon Festinger）提出的著名的「費斯汀格法則」。簡單來說，「費斯汀格法則」就是指：生活中的10%是由發生在你身上的事情組成，而另外的90%則是由你對所發生的事情如何反應所決定。

「費斯汀格法則」告訴我們，生活中只有10%的事情是我們無法掌控的，而另外的90%的事情都是我們可以掌控的。當我們控制不了那僅有的10%，如果我們只是一味的抱怨，那麼剩下的90%也會變得倒楣；如果不要從一開始就抱怨，而是以一種更積極理性的心態去面對不受控制的10%，我們就可以擁有不一樣的90%。

　　試想，當卡斯丁的手錶被摔壞後，他如果不責怪太太也不責罵兒子，而是平靜的安撫，避免這個無心之失會給太太和兒子造成更多的愧疚感，並且及時將手錶送去修，那麼，他們夫妻不會發生爭吵，兒子就不會因為捱打而心情不好，後面的一切事情都不會發生了。

　　所以你看，抱怨和鬧情緒，解決不了根本的問題，相反只會讓事情變得更糟糕。當遇到糟糕的 10%，只有良好的心態和積極的行動，才能幫助我們贏得更好的 90%。這便是「費斯汀格法則」揭示的對抗抱怨的哲學。

　　在現實生活中，我們總是會聽到有人抱怨：「為什麼我這麼倒楣，為什麼每天總有一些煩心的事情纏繞著我？」事實上，這都是心態的問題。要明白，真正決定了你倒楣的，其實正是你自己，而真正能幫助你的，其實也只有你自己。

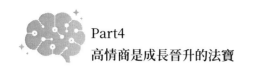

4.5
高情商的人怎麼應對「不公平」？

這個世界，似乎總是有那麼多的不公平。

比如，有的人專業敬業，把公司當成家，加班工作，從不邀功炫耀，卻總是得不到提拔賞識；有的人在主管面前鞠躬盡瘁，轉身就只出張嘴，指揮別人，出了問題第一時間推卸責任，晉升之路卻異常順利。

有的人住著千萬豪宅，天天健身、美容、打球、旅遊，國內國外飛來飛去；有的人卻每天在擁擠的車廂裡度過上下班尖峰期，省吃儉用，極少旅遊，甚至偶爾去次餐廳都是奢侈。

面對林林總總的不公平，很多人內心就會失衡，甚至，他們的人生方向和價值觀都因此而受到了影響。

小黃身邊的兩個朋友同時扭傷了腳，可是遭遇卻千差萬別。

朋友小 A 來自鄉下，為人誠實，成績優秀，是村裡第一個考上大學的孩子，也一度因為經濟困難而險些休學。好不容易上了大學後，為了賺錢養活自己，小 A 不得不利用一切業餘時間去做兼職賺錢。不久前，小 A 半夜替老闆裝箱卸貨，不小心腳底打滑，扭傷了腳。朋友小 B 家境優越，從小遊手好閒，大學考試的時候卻走大運，異常發揮也進了名校。上大學後，小 B 幾乎把所有業餘時間都花在了享樂上。這一次，小 B 外出旅遊，在吳哥窟自拍的時候一不留神摔了，扭傷了腳。

更讓小黃難過的是，雖然都是扭傷腳，可小 A 卻因為失去了兼職，連吃頓飽飯都有困難；小 B 呢，家裡專程僱了司機保母接送他上學放學。小

A 和小 B 都是小黃的朋友，小黃心裡很不是滋味。小黃問我，為何這世道如此不公？如今，小黃正在準備考研究所，他說他不想馬上就業，最直接的原因就是他不知道該怎麼面對這個世界。

其實，現實生活中，和小黃一樣對這個世界的不公充滿了疑惑、想要一個答案，或者不知該怎樣面對的人還有很多。只是，他們並不明白，這世界本來就沒有絕對的公平，生活的本質就是如此。

試想，如果你深愛一個人，那麼對方就一定會同樣地深愛你嗎？你努力工作，那麼你就一定會得到升遷加薪的機會嗎？你覺得這個世界是圓的，它就一定是圓的嗎？這個世界本身就有自己的運作規律，它不會以我們的主觀意志為轉移。甚至，當我們在評價某件事情「不公平」的時候，其實也造成了另一種「不公平」。因為公平本身就是一個天秤，一邊放著公平，一邊放著不公平，當我們讓它偏向我們主觀所認為的「公平」時，它就已經不再公平了。

比如，某個人恰巧在某個時間點、某個場合和主管說了一句話，因而被認可、被重用，得到了別人可能努力三年五年都得不到的待遇，從此平步青雲，他其實並沒有做錯什麼，對於他來說不過就是在對的時間、遇見對的人、說了對的話，可如果他因此就要承受別人「不公平」的譴責，對他公平嗎？同理，某個人成長於富裕家庭，從小衣食無憂，可能別人辛苦打拚一輩子都未必能擁有他生來就擁有的資源和財富，他也沒有做錯什麼。如果他因此就要承受別人「不公平」的譴責，對他公平嗎？

公平本身就是一個理想狀態。對於公平的定義和標準，不同的人會有不同的見解，而對於公平的需求，不同的人也不一樣。當對某件事生出了不公平的想法，不妨思索思索，自己這感到不公的感覺是在什麼樣的情境下產生的？大多數人的答案可能是：在心態不平衡的時候。

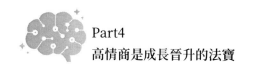

其實，所謂的「不公平」，常常只是一種「錯覺」。現實生活中，我們總會認為自己的條件和資源是和別人同等甚至是更優於別人的。所以，一旦別人獲得了獎勵或取得了成績，而我們自己沒有，我們就會覺得「不公平」。

問題的根源就在於，你和別人真的具有同等的競爭資本嗎？你和別人有那麼多「同等」嗎？你真的在某方面優於別人了嗎？當你在埋怨別人靠著家裡的關係和背景獲得了高升，你可看到別人加班任勞任怨？你可看到別人堅持學習自我提升了嗎？當你譴責別人靠著潛規則成功上位，你可看到別人多年來辛苦練功流的血汗了嗎？

歸根究柢，那些總覺得自己受到了「不公平」待遇的人，其實只是把極複雜的人和事極簡單化了，就是將「家裡的背景」和「升遷成功」等同化了，將「潛規則」和「上位」等同化了，認為「有背景＝能升遷」、「潛規則＝能上位」。

也所以，當你感覺遭遇了「不公平」，你恨公司、恨對方、恨出身、恨世道沒有任何意義，也解決不了任何問題。問題是，怎麼能不去怨、不去恨，面對「不公平」，又該怎麼辦？

腦科學解讀：遭遇了「不公平」，我該怎麼辦？

心理學大師薩提爾（Virginia Satir）告訴我們：「問題本身不是問題，應對方式才是問題。」生活中如果總感覺自己遭遇了「不公平」，首先要做的，不是抱怨「不公平」，也不是責備自己，而該是找準應對「不公平」現象的方法。具體來說，可以參考以下幾點：

◆接受現實，弄清楚事情的來龍去脈

不公平現象發生後，比如有背景的同事升了職、會奉承的同事加了薪，我們首先要做的，是從內心深處接受這個事實，再客觀分析，為什麼別人能夠升遷加薪？真的是因為別人的背景或者別人會奉承嗎？除了背景之外，別人是不是比我們更努力、付出了更多，或者更有能力？

只有當抽絲剝繭理性分析了，才有可能找出「不公平」背後的真相，才能更好的找到應對不「不公平」現象的辦法。

◆換位思考，弄清楚在同樣的情境下，你會如何處理

很多時候，我們之所以會覺得「不公平」，是因為我們始終站在自己的角度考慮問題，為所謂的「公平」劃定了一個自以為準確的衡量標準，而一旦某件事情沒有達到我們內心的期望，我們就會理所當然地覺得它「不公平」。其實是我們內心的投射讓我們以為這個世界對我們不公平。換言之，真正雙標、真正不公平的，其實是我們自己。

學會換位思考，想想當我們自己處於對方的位置上時我們會怎麼做，弄清楚這個問題，能豐富我們看清事實真相的角度，更深刻的理解所謂的「公平」。

面對「不公平」，許多人會變得悲觀，厭惡自己，甚至失去努力的動力，認為自己無論怎麼做，都只能是一樣的結局。這無疑是很不可取的，因為更多時候，恰恰是我們的消極，導致了更大的「不公平」。

有因必有果，每一種「不公平」現象的背後，都一定有造成「不公平」現象的理由。面對「不公平」，首先從內心深處接受自己，並且問一問自己：究竟想得到什麼？得到的方式是否妥當？有沒有更好的方式選擇？

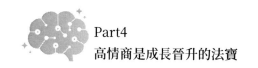
接受自己的目的，是讓我們永遠不放棄自己；問一問自己的目的，是為了幫助我們更理性地對分析事情，更客觀地找出自己與對方的差距，以及自己做得不夠的地方，從而促進自己不斷改正、不斷進取，為有一天真正實現「公平」打好基礎。

總之，這世上沒有所謂的「公平」，也沒有絕對的「不公平」，每一種看似「不公平」的現象背後，其實都有它「公平」的理由。說到這裡，可能很多人又會生出這樣的疑問：既然這世上沒有什麼公平不公平的，那我們還要去爭取什麼、努力什麼呢？

這個問題也很好解決。雖然我們一直在強調，這世界沒有絕對的公平，但我們每個人可以有屬於自己的公平。單從個人角度來說，我們的不同選擇和不同行動，對我們所造成的不同影響，是絕對公平的。

比如，你每天堅持看 15 分鐘的書、做 15 分鐘的運動，三個月後，你的知識儲備就會豐富一些，你的身體狀況也會不一樣。而如果你不去做這些事情，你只是工作時就伏案，休息時就消遣，各種吃喝享樂，那麼三個月後，說什麼知識儲備和健康狀態，我猜想你依舊不會變健康甚至還會變胖。這種對比，就是絕對公平的。

換言之，我們之所以爭取、之所以努力，目的正是為了讓自己變得更好。

最後再來聊一聊所謂的「公平」。其實，從人類進化到能夠編造故事開始，從我們能夠創造出「國家」、「制度」、「法律」、「宗教」這些概念開始，我們的生活中除了客觀存在的世界，比如山川大河外，其餘所有一切都是人造的，比如樓房、馬路、汽車、服裝等。

在這個人為創造的世界裡，我們之所以會發明「公平」這個東西，我們之所以要呼籲公平，是因為我們必須為人類自身設計一個理想狀態，

給自己一些動力，並且以此設計一系列框架制度去約束人類自己的行為以及人與他人之間的關係，以確保這個社會能夠更好地運作、人類的生活能夠更好地繼續。

　　所以，對我們每個人來說，公平是求不來的，只能靠自己創造。同樣的，我們之所以努力工作、更好的生活，不是為了獲得所謂的「公平」，而是為了表達對自己、對生命的尊重。

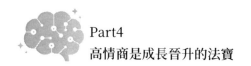
4.6
溝通高手告訴你，如何深入淺出講道理

在你身邊，有沒有某個人或某些人，總喜歡講道理？對於他們的道理，不管有多在理，你是不是總是不想聽不想理？當然，這裡所說的講道理，特指在親密關係中的講道理。

小微吐槽說她的前男友太能說教了，不管是小微遇到了不開心的事，還是他自己遇到了不開心的事，甚至是當兩個人意見不合時，男孩總是食指一推眼鏡，就巴拉巴拉開始啟動說教模式了。

當處於生理期，或者和人吵嘴鬧點小情緒，小微其實只是想得到幾句安慰，可那前男友卻總能一本正經的條列舉例、旁徵博引，話匣子一旦開啟，就成了決堤的海，滔滔不絕……雖然前男友有時說得也有些道理，小微卻越聽越心塞。再後來，小微索性什麼都不和前男友說了，再當前男友自顧自開啟話匣子時，小微要麼就選擇關門走人，要麼就吵嘴，漸漸的，兩個人的關係越來越疏遠，最終也就分手了。

和小微一樣，在親密關係裡，許多人和對方傾訴，其實只是期望獲得對方的聆聽和安撫，然而對方卻偏偏不解風情，偏偏要跟你講道理，替你分析對錯利弊，指出你的不足，比如告訴你：這件事在 A 方面給張三留下的印象如何，在 B 方面導致跟李四的關係會出現什麼問題……

在這種不對等的需求和給予裡，溝通就變得低效，甚至無效。於是，多少因為情深走到一起，並且說好了要白頭偕老、不離不棄的愛人，最終因為矛盾不斷，形同陌路，各安天涯。

問題是，為什麼在親密關係裡，我們的另一半總是喜歡和我們講道理呢？

很簡單，這一切都是自戀在作怪。

人人都愛以自我為中心。佛洛伊德認為，自戀是一種精神能量，來源於性衝動（libido）（這裡的性不是指生殖意義上的性，泛指一切身體器官的快感）。其實人類最原始的自戀是為了自我保護，一般來說，人首先會將愛的性衝動投向自己，在愛的付出給與能處在健康發展中了，人會再將其投向外界的人或事物。

比如，在嬰孩時期，我們都會經歷以自己為世界中心的階段，認為自己的媽媽就是世界上唯一的媽媽。所以，當我們在聽到別的嬰孩管他自己的媽媽叫「媽媽」的時候，小時候的我們通常會不理解：為什麼那個也是媽媽？後來，當我們慢慢長大，當我們在成長中伴隨著社會化慢慢了解自己、了解社會，我們才會明白，原來這個世界上的每個人都有自己的媽媽。

自我欣賞是生活中很常見的一種現象，某程度來說，自戀其實是人類的需求，適度的自戀是可取的，但如果一個人將過多的精力和興趣投放到了自己身上，就會出現問題，極端的甚至會導致人格障礙。

總愛講道理的人，有相當一部分都是極自戀的，他們常是不夠自信的，會將更多的精力和興趣放在自己身上。不知你是否有這樣的感受，當你在和過於自戀的人溝通時，他們基本都會認為自己是正確有理的，一旦你對他們提出了反對意見，或者當你質疑他們的正確性時，跟他們理論時，他們會搜索枯腸、費盡心力地用更多的道理去告訴你：「你是錯的，你才是錯的，你錯了還發脾氣，你錯了還發脾氣就算了，你居然還能指責我是錯的，你太不可理喻了。」

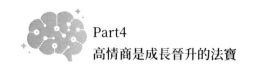

對於極度自戀的人來說，出錯是件很沒面子的事，出錯意味著不夠優秀。所以，當他們透過自己的出錯發現自己不夠好以後，他們原本就脆弱的自尊心會深受打擊。也正是因為這樣，那些極度自私的人通常會比一般人更害怕出錯。於是，他們總會用一堆道理來包裝，甚至修煉出口若懸河的本事，而這本事不過是他們自己給自己打造的一副鎧甲，一副掩飾自己不夠自信的鎧甲，一副借來增強自信的鎧甲。

給自己打造鎧甲是一種心理防禦，防禦的是自己，是因為自己不夠好而產生的羞恥和憤怒。但這防禦往往會令親密對象產生難以名狀的難受感覺。

一方面，那些極度自戀的人講的「道理」通常都是有道理的，甚至是很有道理的，這時候，他們的親密對象一般會有兩種表現：一是因為內心知道對方說的在理，自己理虧，覺得沒面子，也於是產生防禦心理，也在腦海裡搜索枯腸的尋找對方的不講理和錯誤，對對方進行反擊，結果是一場唇槍舌劍不可避免的發生了；二是直接走開，不予理睬。

小王和妻子的關係越來越淡，甚至到了勉強維繫的階段。他們長期冷戰，僅有的交流也多是吵架。最初，太太還會和他爭執幾句，不過，也總是各說各的理，各說各的話。後來，太太就變得懶得搭理了，每次小王一開口，太太就直接走開，拒絕交流。

小王為此更火了，他找妻子理論：「你看，你賺得少還不懂持家，我教你、影響你這麼些年了，你還是記不住！」可是妻子卻翻個白眼轉身就走。小王很苦惱，他說：「我說的這些道理都是對的呀，她怎麼就不懂呢？」

其實，小王的這種表現就是一種典型的由自戀引發的「愛講道理」的行為。關鍵是，小王的道理，對促使對方改變和進步起不到任何作用。

在親密關係中，無論是夫妻、情侶，還是父母、子女，這種帶有負能量的「講道理」都只會給關係造成麻煩。情感的交流和溝通關係中不存在「負負得正」的規則，所以，這種帶有負能量的「講道理」永遠不可能轉換成正能量。

那麼，在親密關係中，我們究竟應該怎樣講道理呢？

腦科學解讀：我應該怎樣和你講道理？

親密關係、親密對象，提及這兩個詞，許多人的第一印象便是家人，因為家人通常是我們最親密的對象。有句話是這樣說的：「家不是個講道理的地方。」這句話之所以能夠流行，是因為有人發現，在家裡講道理是會傷感情的。可是，即便如此，還是有許多人喜歡在家裡講道理，喜歡對愛人講道理、對孩子講道理、對父母講道理。

那麼，究竟什麼是「道理」呢？我們所講的道理，究竟有沒有用、適不適用，能不能產生作用呢？

數萬年前，能夠在弱肉強食、危機四伏的自然環境中生存繁衍是極不容易的事。我們的祖先之所以能夠站上食物鏈的頂端，除了靠生存技能和分工合作的能力，還要靠「講故事」的本事。這裡的「講故事」，便是「講道理」的前身。

從某種角度來說，正是因為會「講故事」，所以人類即便沒有矯健強壯的身軀，沒有尖牙利爪，也能創造出現在的世界。後來，隨著人類語言能力和思維能力的逐步發展，「講故事」便逐漸衍生出了「講道理」。

這個「道理」，可以是某個社會環境中的規範和準則，可以是家族中上一輩給下一輩的傳承，也可以是一個家庭在當時社會環境中立的規矩。而且，不管是哪一類型的道理，它們都有一個共同的特徵，那就是它們都

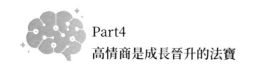

會隨著時代和環境，以及接受道理的對象的變化而變化。就好像人的認知一樣，它不同於客觀存在的花草樹木，它是可以改變的，隨著經歷的豐富，人的認知就會變得不一樣。

換言之，同一件事在不同的時間、不同的地點、不同的情境、不同的當事人身上就不能用同一個道理去套用。

比如，隨著年齡的成長，人對新事物的接受程度就會減弱。而一代代的年輕人又總會有新的思路，會認為過去的那些老「道理」已經不適用了。在這種情況下，年長和年幼的之間就會有舊道理和新道理的矛盾，資歷深的和資歷淺的之間就會有強勢道理和弱勢道理的矛盾。

所以，在講道理的時候，首先必須明確這樣幾點：

1. 我們所謂的講道理，講的究竟是誰的「道理」？是年長一輩的舊道理，還是年輕一輩的新道理？
2. 這個道理，是用來評價什麼的？
3. 誰讓這個道理具有了成為標準的權威性？

當然，在講道理的時候，我們還要使用正確的方法。

不知道大家是否有這樣的感受，當我們在工作時，我們的思維可以無比清晰，當我們在面對親朋好友時，我們往往能說會道。然而，當我們在面對親密對象時，我們卻總是容易情緒失控，對方一句話、一個表情，甚至一個動作，就輕易能夠讓我們暴跳如雷。

這是因為，當我們面對親密對象，我們的狀態是非常放鬆的，我們的內心是柔軟的。鬆懈狀態和備戰狀態比較起來，前者自然是更容易受傷害的，所以按理說親密關係中的人都該溫柔的對待彼此，都該得到溫柔的對

待。可是有一些人，真是因為處於放鬆狀態，會更容易受刺激更容易產生心理防禦，更容易有激動行為。

生活中常常會有這樣的情境發生：

父母著急孩子的婚姻大事，苦口婆心說盡一切道理，比如：「你看社區裡的小王，當年和你一起上書法班的，人家已經懷第二胎了，你這老大不小的不會著急嗎？」面對父母諸如此類的逼婚，許多人嘴上雖然應承著「好」、「知道了」，可行動上依然不急不慢、無花無果。

此時，如果父母能夠換一種方式給孩子講道理，比如：「知道你平時忙，看你事業越來越好我們都高興，養育孩子不容易，父母不圖什麼，你健康開心就好，我年紀大了，你媽身體也不好，她那天還說，就怕來不及抱孫子，唉……」相信孩子聽到這樣的話，一定不會再無動於衷。

你看，同樣是講道理，可是話說得不一樣，表達方式不一樣，效果就不一樣。無論在職場、家裡還是在親密關係裡，我主張道理得講，但怎麼講，這是關鍵，尤其是要針對對象找準合適的表達方式。在和他人溝通、講道理的時候，不妨這樣做：

◆及時回應，不打斷，不應付

對方發出聲音表達感受時，輕易打斷會影響對方情緒的連貫性，導致對方的思維強行被中斷，這容易引起對方的不快感，所以，不要為了講道理，而強行打斷對方的話。其次，當對方把一段內容表達完畢後，我們還應該及時地回應，因為及時回應是保持高效溝通的關鍵因素之一。不過，「嗯」、「哈哈」、「呵呵」這種敷衍的回應會打擊人溝通的欲望，盡可能不要使用。

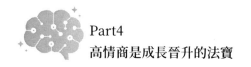

◆ 抓住主要需求

分析對方的表達，弄清楚對方的主要需求。如果對方的表達是為了滿足表達欲，那麼我們就應該更耐心的傾聽；如果對方的表達時為了尋求關愛和安慰，那麼我們就應該給予對方更貼心的回應（包括肢體語言）；如果對方的表達是為了尋求解決辦法，那麼我們就可以給予自己的分析見解。

◆ 緊扣情感連繫

在講道理的過程中，我們首先要確定對方最在意的部分，然後再用情感連繫串聯溝通中的關鍵點，動之以情。

家是一切的基礎，就以上面父母給孩子講道理（催婚）的那段話為例，分析在講道理的過程中，可以怎麼緊扣情感連繫：

◇ 知道你平時忙 —— 共情，「我們懂你！」

◇ 看你事業越來越好我們都高興 —— 積極關注，正面表達能延續溝通

◇ 養育孩子不容易 —— 喚醒對孝的重視，「為了你我們苦過累過」

◇ 父母不圖什麼，你健康開心就好 —— 以退為進，「我們不強迫你」

◇ 我年紀大了，你媽身體也不好，她那天還說，就怕來不及抱孫子 —— 警醒，別「子欲養而親不待」）

◇ 唉…… （加重意味）

這只是家庭內部的一種情境對話，不同的情境比如職場，自然有不同的表達方式和思路，但需要強調的是，任何溝通思路的模式，若是在同一情境下頻繁使用，都會過猶不及，上面這對話，若是在家裡進行到第三遍，哪怕是第二遍，猜想不少聽的人就開始心生牴觸了。所以掌握最核心

的技巧是關鍵，比如共情、積極關注、喚醒等等，說者要關注傳遞的內容，盡可能避免負面情緒的不當表達。此外，多說多練多觀察，自然也就能隨機應變對症下藥了。

親密關係中，在面對另一半撒嬌耍潑、任性無理的時候，你身邊的男性朋友往往會這樣建議：「別急著跟她講理，家不是個講理的地方，你就順著她，哄哄就好了。」事實上，這又何嘗不是一個硬道理呢？所謂的「哄」，就是照顧情緒，在情緒上認同順從。

其實不僅親密關係，對於任何一種關係，過度現實、過度理智、缺乏溫情都是最忌諱的溝通方式，生硬的說教、強勢對弱勢的指責也只會適得其反。最好的講道理的方式就是用情講理，情緒上認同，情感上打通了，其他的才好說，才說得下去。所謂情理，情永遠在理前面。

Part5

認知世界的方式，比才華更重要

　　生活中，我們所做的每一件事情，都可以用心理學法則來解釋。洞察事件背後的真相，掌握大眾行為的規律，改變自己看待世界的方式，不斷修正自己的錯誤認知，才能找到正確的職場生存方式，職業之路才能走得更通、更順、更長久。

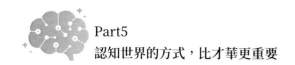

5.1
「究竟該如何待你，我的同事！」

　　小莫是職場菜鳥，為了表示自己的友好，盡快融入群體，表現相當積極，主動詢問主動找任務做，「姐，有什麼我能幫你的嗎？您儘管吩咐啊！」、「老師，我這塊工作完成了，您那還需要我幫忙的嗎？」辦公室裡 A4 紙用完了，她主動請纓去總務申請領取，誰的快遞到了她也秉持著「助人為快樂之本」去跑腿，總之對誰都是態度謙遜有禮，基本就是隨傳隨到任勞任怨。

　　感覺這個狀態在職場應該是很受歡迎的，她也以為這樣就能和大家搞好關係，她一如既往地畢恭畢敬，可同事們也是一如既往的「一碼歸一碼」，也就是，當快遞電話到了，微笑著對小莫說「小莫，你在忙嗎？麻煩你幫忙取個快遞吧，謝謝你囉……這女孩真勤快，有你真好！」或是，「小莫啊，我現在手頭有事走不開，這個檔案你能不能幫我拿到公司企劃部交給汪主任呀？」可真到了要和客戶商談專案了要上新企劃了，「呀，我們這次的企劃組已經滿員了，下次再帶你吧……」、「小莫寫的那份數據，格式倒是按照規範的，也是按照我給她的那份依樣畫葫蘆的，可就是內容的層次不對，而且表述不清楚，那阿牛也說了，她那數據沒法用，還是太年輕了，再歷練歷練吧……」

　　殘酷的現實給了小莫當頭棒喝，她發覺，越謙卑，換來的不過是同事們讓她跑腿幫忙時的熱情，於是她始終沒什麼歸屬感。

　　貝貝也曾傾訴自己在職場艱難磨難的事，有一次，身為會計的她為了統計全公司各部門的數據，提出讓另一部門的同事小李協助自己，但小李的工作效率實在令她崩潰，提交的數據錯漏百出，完全是敷衍塞責，以致於貝貝還得連夜加班自己重做，鬱悶之下，貝貝忍不住向另一位同事、平時的飯友姐妹葉子吐槽了這事，葉子一直安慰她，說「那人就是這樣的，人人都討厭他，不必放在心上」之類的。

　　沒想到過了幾天，貝貝被小李劈頭蓋臉的指責：「你憑什麼在背後對我指指點點，工作的事不是應該當面溝通嗎？你說我敷衍，證據呢？你自己又做得如何？背後說三道四，我看你分明是人品有問題！」正當小李說出這番話，責備貝貝背後傳壞話的時候，恰巧被主管聽到了，貝貝於是被主管狠狠批評了一番，說她影響辦公室風氣、破壞同事團結。儘管覺得無限委屈，貝貝卻無言以對。這之後，主管對貝貝便有了誤解，總覺得貝貝不能與同事友好相處，對她的態度明顯急轉直下。

　　回顧自己的職場生涯，似乎我們大多數人都會有和小莫、貝貝一樣的困惑和苦惱。面對朝夕相處的同事，不知道究竟該如何相處；表現的謙恭有禮面面俱到吧，就像小莫那樣，結果「熱臉貼冷屁股」，在群體始終就是個邊緣人，啞巴吃黃連一樣，自己失望難過。

　　如果，表現得謹慎冷淡些呢，可能會被評價不近人情、不合群、人際交往能力一般，甚至可能在長久的靜默中，逐漸被忽略掉存在感和話語權；還有一些職場常見情境，比如不管你怎樣掏心掏肺，那些同事都有自己更深刻的理由提防你、排斥你。

　　像葉子這樣輩分高、資歷老的同事，還常常一起午飯，尤其對你照顧有加，感覺她就是你在辦公室最值得信賴的姐姐，有什麼事情都和她聊，其實她一轉身就把你的心事當成茶餘飯後的話題，添油加醋傳了出去，你

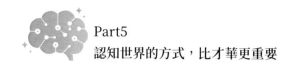

理想中的辦公室情誼不過是塑膠花，直到中了招你才發現，你期待的職場奮鬥史，居然像一部狗血的宮鬥劇。

那麼，究竟該怎麼和同事相處呢？職場關係，該怎麼把握呢？

腦科學解讀：在職場，我到底應該和你保持怎樣的距離？

在解決這個問題之前，我們不妨先來看一個著名的生物學實驗——刺蝟取暖。

生物學家們把一些刺蝟放在寒冷的環境中，牠們為了取暖就盡量靠在一起，但因為尖銳的刺讓彼此都很難受，於是又會很快分開。分開之後，又覺得冷，於是又重新抱在一起，但因為被對方的刺扎痛，於是再迅速分開……在這個反覆的過程中，其實寒冷和同伴身上的刺對刺蝟們來說，都是煎熬。後來，再經過了很多次的分分合合，反反覆覆之後，刺蝟們終於找了最舒服的距離，既可以靠在一起取暖，又不至於被彼此的刺所傷。

這一現象得出了一個心理學理論——「刺蝟法則」，即「心理距離效應」。應用到人際交往中，就是要保持適當的距離，既能讓彼此之間感覺熟悉、美好、舒適，又不會因為走得太近，而造成彼此關係的冷卻，甚至互相傷害。

其實，幾乎所有生物都有圈定自己私人領域的習慣，比如雄獅會用氣味劃定自己的地盤，在自己的領地決不允許第二隻成年雄獅出現。人類在人際交往中，都會希望獲得其他成員的認可和理解，但同時，這種認可和理解是建立在私人領域不被打擾的前提下的，也就是人都會維護自己私人領域的獨立性，會在內心建立防禦體系，製造私人空間。

曾有心理學家做過這樣一個實驗：在空曠的大閱覽室裡，當裡面只有

一位讀者安靜地閱讀時，心理學家在其不知情的情況下，默默走過去坐在讀者身邊，並觀察他的反應。實驗整整進行了 80 人次，結果發現，在空曠的閱覽環境中，沒有一個參與實驗的測試者能夠忍受一位陌生人緊挨在自己身邊看書。

其中，有些人一看到陌生人準備在自己身邊坐下，便會告訴他「這裡有人了」；有人會發出看怪物一樣的眼神，並且問道：「有什麼事嗎？」；有人會迅速換一個座位，逃離開去。

這個實驗可以看出，人與人之間其實需要一定的空間距離，這是一種可以自己把握的自我空間，這種對空間距離的需求其實也顯示出我們對心理距離的需求。

每個人都需要一定的私人空間，這個私人空間就好比是一套太空衣，能讓我們與外界保持一定的安全距離，緩解壓力，一旦這個空間被影響了、被擠壓了、被侵占了，我們就會感到不安全，甚至會產生防禦行為，即便是在與伴侶、父母或者密友的相處中，人都還是會需要保持自我空間的存在，那麼，同事關係就更不用說了。當私人空間一旦被觸犯，人就會不自在，產生不適感，會焦慮甚至是憤怒。

美國人類學家愛德華‧霍爾（Edward T. Hall）博士對人際關係的交往劃分了四個層次，這種劃分是空間距離上的劃分，這四種距離用我們的文字描述就是親、近、疏、遠。

◇ **親**：親密距離，人際交往中的最小間隔，近範圍在約 15 公分之內，遠範圍是 15 至 44 公分之間，彼此間可以是肌膚相觸的狀態，是一種親密友好的人際關係。一個不屬於這個距離關係的人，一旦突破了我們的親密距離，我們通常會有抗拒感。

◇ **近**：個人距離，是稍有分寸感的距離，近範圍為 46 至 76 公分之間，遠範圍是 76 至 122 公分之間，這個距離通常是熟人之間的交往距離，是能親切握手，友好交談的距離。陌生人一旦進入這個距離我們會產生被侵犯感。

◇ **疏**：這是一種社交場合使用的距離，稱為社交距離，展現的自然是社交性或禮節上比較正式的關係，在工作場合或社交場合上，這種距離的交往通常更能令人接受，近範圍是 1.2 至 2.1 公尺，遠範圍是 2.1 至 3.7 公尺。

◇ **遠**：公眾距離，這是公開演說時演說者與聽眾所保持的距離，近範圍是約 3.7 至 7.6 公尺，這樣距離關係的人，他們之間也未必會發生一定的連繫。

當然了，人際交往的空間距離不是固定不變的，它有一定的伸縮性，這就得因應具體情境、雙方關係、社會地位、性格特徵等等的變化而調整了。

同樣，受到不同情境、不同生活、不同性格、不同文化背景的影響，我們每個人對私人空間大小的需求也不相同，換言之，我們每個人對外界的開放尺度其實是不一樣的。比如，對於歐美人士來說，打聽女士的年齡和詢問男士的收入都被視為非常冒犯的行為，而在亞洲，很多人認為詢問隱私問題沒什麼大不了的，還能獲得更多的親近感、信任感。

研究顯示：人與人之間的空間距離和心理距離呈現倒 U 型的關係，空間距離太遠自然容易疏離，空間距離太近也容易造成矛盾，產生排斥，同樣導致疏離，只有適合的距離才能讓人彼此具有心理吸引，從而更友好、更積極、更開心的相處。

　　企業需要每一個員工具有共同的責任、共同的目標，需要團結合作，但同時，人都有自我追求，每一位職場人都是個性十足且獨立的個體，也就是每位職場人就好比是一隻刺蝟，找到職場中自己的邊界感以及和同事相處的距離感非常重要，恰當的距離，讓工作和共事都更加得心應手。

　　「刺蝟效應」該如何在職場上展現？先來看看該如何調整自己在職場的邊界感：

◆確定核心理念：職場不是個講感情的地方

　　回到上文的情境，貝貝很難過地傾訴說「我一直當她是前輩，是好姐妹，亦師亦友，我那麼信任她，沒想到她在背後對我做出那樣的事，太難過了，真是心都涼了！」

　　類似的情況很常見，阿文幾年來一直帶著師弟做專案，相處很融洽，沒想到公司新組建了一個專案部，師弟居然莫名其妙的成了這個部門的負責人，招呼都不打就過去了，據說是直接找部門主管提出的，想要自己承接專案。

　　阿文很心酸，說「沒想到，這之前還把酒言歡稱兄道弟，說著一日為師，終生為父的話呢，轉身就如此不講義氣，盡心盡力、掏心掏肺帶他熟悉流程、連繫供應商，現在想自立門戶了，連個招呼都不打，就這麼對師傅的？」

　　阿秋也體會過心寒的滋味，說以前老闆對他很重用，帶他甚至像帶兒子一樣，各種包容鼓勵和允許試錯，他跟著老闆也學到了很多，感覺能遇到一個好老闆是莫大的幸運，誰知自從來了幾個新人，老闆對他就不如從前了，沒有了「爸爸般的關懷」，他心裡難受，好長一段時間始終糾結著。

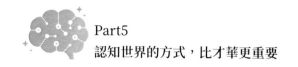

職場人若是想在職場裡講感情，我奉勸你，要麼回家找爸爸媽媽，要麼去找愛人找密友。職場從來都是一個結果導向的地方，重視的是效益是產出。適者生存，弱者淘汰這很殘酷，卻是職場的生存法則。

太多人在職場人際交往中的不順心不如意，多半就是因為把職場當成了一個講感情的地方，對同事、主管都投入了過多的感情，期望著同事像閨蜜死黨一樣在你需要幫助的時候兩肋插刀，期望著同事像老師一樣不計回報的給予幫助，期望著領導像家長一樣耐心關懷、有求必應。投注過高的期望，也就期待著過高的情感回報，結果自然就更容易失望。

企業文化中有所謂的「家文化」，有鼓勵對待同事要像對待親人家人一樣的企業，這一類企業文化的構建自然是為了企業內部更加和諧、更加團結，可根本目的依然是創造更大的效益，說白了就是賺錢。每一個職場人都有自己的職業理想，這個理想，往平淡了說就是賺錢養家，往高遠了說那是實現個人志向。

職場人在職場相遇相交可不是為了交朋友講感情，雖說合作的前提是成為朋友，但這裡的朋友，講的是交情，不是感情，交情是為了合作而相識溝通有交集，是一種社交距離，感情則是有情感共鳴的，可以是親密距離。你可以期待和你談感情的人給你幫助和關心，但你只能期待和你有交情的人不害你。

當然了，如果在職場上能遇到知己，這個人在戰場上能和你並肩作戰，在生活裡又能為你赴湯蹈火，那自然是極好的，可請記住，這種理想狀態可遇不可求，更使不得的是，將職場中期待遇到知心人這事，當成自己在職場人際交往中的目標，這是你給自己挖的坑，遲早要「認栽」。

請記住，職場不是個講感情的地方，如果你遇到了和你談感情的職場人，很可能，他有所圖謀。

◆ **確定距離邊界**

　　職場是個合作共事、付出勞動獲得勞動回報的地方，職場的人際交往過程中除了忌諱交情感情傻傻分不清楚，還忌諱不職業的言行舉止。

異性之間不宜過從甚密

　　小青就在上上個東家踩過雷，在一次酒會上副總經理猛誇她有靈氣有魅力，誇著誇著兩人就談起了感情，她不僅和副總經理談感情，還和身邊的華姐談感情，把心裡話都說給華姐聽，連踩兩個雷，結果自然是捲鋪蓋走人，另謀高就了。對於小青，她把職場當成一個能尋覓情感依靠的地方，栽了跟頭，而小青身邊的那諸位同事，也都非常不職業、不專業！

　　在職場，異性之間相處的界線分寸需要把握，即便是確立了親密關係了，在職場上共事也是極敏感需要避諱的，沒有親密關係的異性同事更是不在話下。

　　某公司的老呂，就像小青舊東家的副總經理，喜歡「撩妹」，不僅妹妹，姐姐也聊，也不管對方是否有男友、伴侶是否介意，常常開口就是黃腔，或是問一些特別隱私的問題，甚至動手動腳，因為他資歷深，一般人都不好意思直斥，但不少女同事背後都說他不自重更不尊重人。

　　「性」話題自是沒什麼好避諱的，人對性話題感興趣這也是人之常情，但非要把自己對這個話題的關注在職場表達表現得淋漓盡致，單方面刻意引導其他同事跟自己一起關注，尤其是「度」把握不好，涉及他人隱私了，甚至有侵犯意味了，那就屬於職場性騷擾了。

　　現如今職場性騷擾針對的不僅僅是女生，男生也面對同樣的苦惱，職場性騷擾包括這些行為：色瞇瞇的眼神、動手動腳、曖昧的語言和肢體動

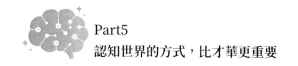

作等等。面對以上情況，就要懂得婉轉迴避、避免獨處，不得已時收集證據、揭發舉報。

上下級之間要保持距離

對於上級來說，要想順利開展管理工作，自然是需要有良好的群眾基礎，要搞好同事關係，了解大家、親近大家。卓越的領導者內心都有界限，知道和同事下屬接觸過於密切了，親和力太強就會影響權威性，威信也就不足了；比較理想的狀態是工作上一絲不苟，生活上關心關照，保持一定的距離，那麼作為下級，也就需要明白公私分明的重要性。

某公司，孫主任和林老闆是大學同學，是好兄弟，仗著一塊「打天下」拿專案為公司盈利，小孫雖然只是部門主任，但那架勢儼然是「孫老闆」了，「孫老闆」為公司做出了突出貢獻，所以偶爾漏打卡，偶爾多報帳，老闆們也都睜一隻眼閉一隻眼，再後來，小孫依舊和林老闆稱兄道弟，但上級安排的事情他常常推三阻四，要麼表面應承，背後各種敷衍應付，以至於對上工作沒法交代，對下事情開展不了，嚴重影響了公司事務的發展，引得上下都頗有怨言，後來公司財務清查，他也就因為帳目不清被請出了公司。

再來看看這個君臣關係，朱元璋和湯和，湯和不僅是朱元璋的同鄉，是朱元璋反抗元朝的領路人，也是明朝的開國將領，朱元璋待其不薄，大加封賞，可湯和呢，表面謝恩實則對封賞心存不滿，這種情緒上的不滿就導致了工作懈怠，在軍事行動上行軍緩慢屢屢受挫，朱元璋發怒訓斥後，他才誠惶誠恐一舉平定四川，雖然戰事獲勝，但朱元璋對湯和並沒有賞，也沒有罰，只是嚴加訓斥。

再後來，朱元璋封湯和為信國公，同時告訴他，只有盡忠慎守，才能

平平安安，福廕綿長。後來，對這位故友、功臣，朱元璋在意重視，也一直給予有限度的打擊，到湯和病危，朱元璋還「思見之，詔以安車入覲」，在湯和死後，朱元璋哀傷不已，封他為東甌王，賜諡襄武，可見湯和在朱元璋心裡分量是很重的，但為了君主威嚴，為了便於管理，君臣之間，上下級之間必須保持距離。

好友之間可以毫無顧忌，上下級之間也可以打成一片，但請時刻記得，在職場上，你們就是上下級關係，是隸屬關係。

◆不傲慢也不討好

人往往會高估自己，尤其是自我認知不清晰，邊界感不清晰的人，更容易犯「自以為是」的毛病。

比如，職場新人容易自視過高，一是因為心懷抱負，滿腔熱情，過於理想化，容易設立不切實際的目標。二是因為對職場生態環境缺乏了解，低估了複雜性，加上在職場並沒有形成準確定位，只希望盡快功成名就讓人刮目相看，高估了自己、低估了別人和環境。不知深淺、不懂裝懂、自視過高、自以為是都是職場人碰壁的原因。

又比如當獲得了些成績成就，就容易在掌聲恭維聲中春風得意，即便知道要刻意壓抑揚眉吐氣的心態，但「給點陽光就燦爛」，酒桌上多喝幾杯多聽幾句好話，得意忘形起來、容易口出狂言，禍也就容易惹上了。

職場上，別傲慢別太狂，也不該過於謙卑討好，前文提到的小莫，還有之前提及的小蘇，就吃了過於謙卑討好的虧，非但沒贏得歸屬感，反倒愈發沒了存在感，尤其一些具備討好型人格的人，習慣了透過討好獲得認可肯定，用別人的認可填充自己的自信心，這樣的行為只會導致內心力量越來越弱，於是越來越被輕視甚至是忽視，自己都不夠相信自己，不夠尊

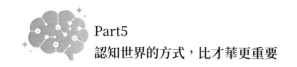

重自己，這樣的人對集體來說更是可有可無的。職場上需要的是謙虛，不是謙卑。

請記住，別人不把你當回事的時候，自己得把自己當回事，當別人把你當回事了，別把自己當回事。

◆不八卦、不抱怨

人都有好奇心有窺私欲，對別人的生活狀態多少都會有些窺探想法。職場上，一定程度的自我暴露可以給別人增添好感，分享祕密也可以在一定程度上拉近心理距離，也就是，在一定範圍裡共享一個祕密可以迅速把人拉到同一條戰線上，但這風險不小，因為世上沒有不透風的牆，分享別人的祕密，要麼純粹是閒得慌沒事幹了過過嘴癮，但多半都是見不得別人好的人，懷有些鄉民想看熱鬧，甚至想落井下石踩上一腳的想法。

總而言之，愛傳八卦的人一定不是把心思精力都放在工作上的人，一定不是專心致志為企業、為自己謀求深遠發展的人，這樣的人要麼就是閒人＋蠢人，要麼就是惡人＋蠢人，所以傳八卦的風險就在於，一是被傳八卦的當事人會對八卦人士心懷怨恨，種下惡因，二是八卦人士的品行人格，被傳揚四海人盡皆知、人人唾罵。

抱怨，也是一種職場典型的低情商行為，情緒需要發洩，我們當然可以偶爾發發牢騷，但常常抱怨，遇人就像祥林嫂一般「我真的沒有做錯那份報表……」、「我家人又住院了……」、「你說說，他怎麼還能那麼過分呢……」，後果就是人緣差，因為沒有人願意跟一個常常愁眉不展、怨聲載道的人相處，職場上更沒有人有義務花時間和精力聽你的抱怨。

你甚至可以發現，有時一旦你的話題只涉及私人生活與對方無關，對方的情緒會立即冷淡，注意力也會瞬間轉移，這個時候若是你還覺得難以

接受「他怎麼這麼冷漠，我對他那麼好，他都不懂關心我的感受……」那你的職場情商也是夠讓人擔心的。

想發洩情緒，方法有很多，抱怨真不是一個好選擇，沒人和你交好這個後果還是輕的，重則人資記錄下了你的職場情緒表現及人際關係處理能力，附在人力資源分析報告裡，之後要裁員或重組了，這就是呈給上級的人員調整參考數據。

總之，管不好情緒又管不好嘴的人，職業生涯一定不會一帆風順。

◆保持積極的情緒狀態

我們都知道心態樂觀、情緒積極的重要性，可在職場上，積極情緒究竟能帶來什麼？先來了解利他行為，這是一種被社會鼓勵的行為，指的是對別人有好處，而對自己沒有任何明顯益處的自覺自願行為。

比如桌上有一隻黑色簽字筆和三隻圓珠筆，讓你選其中一支筆，如果考慮能讓別人有更多的選擇，你會選一隻圓珠筆，這樣別人就有在兩者之間選擇的機會，這就是一種利他行為。

在職場上，利他可以是做好本職工作的，同時主動幫助、主動分擔、不推脫、不推卸，盡力盡力承擔完成對團體、客戶、組織有利的安排等等。

研究發現人們的利他行為會受人際距離影響，人際距離遠，利他行為會減少，人際距離近了，利他行為會增加，也就是相較陌生人，我們都會為身邊人做更多考慮；更關鍵的是，利他行為不僅受人際距離影響，還會受面部表情影響。

在人際交往過程中，表情是相當重要的交流方式，它傳達情感狀態和人際資訊，進而影響行為表現。研究證實面部表情可以影響我們對於人際

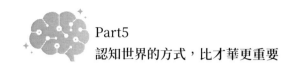
距離的判斷，也就是我們會根據表情來決定是趨近還是迴避，是靠近還是遠離。

透過對 70 名成年男女進行的實驗發現，負面情緒，像憤怒、厭惡、害怕、難過等等就帶給人更遠的距離知覺，也就是距離感比較強，負面情緒會引起迴避反應，很難有利他選擇，正面情緒呢，會引起趨近反應，帶來的人際距離最近，容易有利他選擇。也就是和情緒積極，帶著高興表情的人相處時，人的利他行為最多，和悲傷的人相處時，人的利他行為會少，而和情緒消極，表情憤怒的人相處呢，人的利他行為最少。

積極情緒不僅可以拉近和人的距離關係，還能更容易讓別人做出利他選擇，這就給了我們職場人際處理一大啟發，如果我們能時常保持積極情緒，我們身邊的同事就可能因此和我們有更和諧的關係，也就意味著我們和同事之間的共事合作會更順利，這種和諧順利又會帶給我們積極感受，如此循環，也就能帶來更多積極情緒。若我們能時常保持積極情緒，我們身邊的同事也能時常保持積極情緒，大家相互間都能有更多的利他行為，那會是一個多麼友愛溫馨的合作氛圍，這樣的氛圍下共謀發展，效益更能蒸蒸日上了。

5.2
治癒你的不是雞湯，而是你自己

相信每個人都遇到過這樣的場景，結束了一天的工作，洗完澡打算美美睡一覺，這時，Line 彈出一條提示，點開一看，原來是母親發來的一篇心靈雞湯……

心靈雞湯陪伴著我們這一代人長大，並漸漸成為了一些人生活的一部分。

事實上，最早的心靈雞湯是出自一個名叫傑克·坎菲爾德（Jack Canfield）的美國人。

坎菲爾德是《心靈雞湯》（*Chicken Soup for the Soul*）系列的作者，作為風靡全球、銷量過億的暢銷書作者，他本身的經歷並非一帆風順。從哈佛大學畢業後，學習中國歷史的坎菲爾德在自己的家鄉找了一份中學老師的工作，打算平平淡淡的過完這一生。

可是事與願違，他在工作中因為各種原因欠下了 14 萬美元債務，經濟危機讓他十分苦惱。為了激勵自己振奮生活，他畫了一張萬元大鈔掛在牆上，而當他看著這張牆上的萬元大鈔時，靈感悄然而至，他於是就開始撰寫勵志學、成功學的文章，這也讓他的人生有如開外掛一般，獲得了巨大的成功。可以說，坎菲爾德本人的人生經歷，就是一碗最濃的「雞湯」。

《心靈雞湯》在東方出版後，迅速風靡，許多初入社會的迷茫年輕人，甚至將其奉為聖經。這是因為，在過去，大家尋求心靈慰藉的方式更

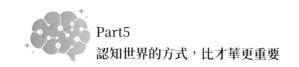

多的是求道拜佛。後來，隨著時代的發展以及生活節奏的加快，相較於信奉神佛，一些年輕人更願意信奉「雞湯」，更喜歡「雞湯」用簡單快捷的方式告訴他們應該怎麼做、應該怎樣保持積極。

然而，正如雞湯雖好，喝多了也容易讓人營養過剩一樣，雞湯文雖然能在一定程度上激勵人，但看多了，也會讓人麻木，甚至厭煩。市面上有相當一部分的心靈雞湯，乍看之下是入情入理的勵志文字，實則是泛泛而談的套路故事。有些讀上去挺動人，但多讀幾次就會發現，它常常是用一些概念和說法把人繞得雲裡霧裡，讓讀者讀上去覺得很有道理，很受啟發，可在生活中並沒有因此獲得什麼深入具體的積極改變。

近兩年，一些反心靈雞湯的所謂「毒雞湯」逐漸在社交媒體上流行起來。這種「毒雞湯」往往分為兩種，一種是言辭尖刻，能給人一些警示、一些安慰的「毒舌」文章，可很多讀者說讀後也不過如隔靴搔癢一般；另一種則是用譁眾取寵的標題、用假畫、空話、大話的內容吸引公眾注意力，沒什麼實質性啟發，還給讀者帶去負面觀點和影響。這些毒雞湯若是真能給人提供助益也好，只怕相當一部分不過是為了賺取流量，為了謀求利益。

事實上，無論是心靈雞湯還是毒雞湯，它們之所以能成為一種流行，引發大眾的共鳴，正是因為那些燉雞湯的抓住了大眾的心理需求。

一般來說，心靈雞湯的忠實讀者通常是感覺人生不順的人，是在工作、生活或者感情中受到挫折的人。稍加分析就會發現，這些人有著相似的心理需求：遭遇的困難常常集中在事業、學業、生活、感情、社交等方面，要麼是事業下滑、學業不佳，要麼是感情受挫，比如和家人關係出現裂痕、遭遇負心人等等。這些人因為生活的不順感到迷茫和憂鬱，他們需要愛，需要關懷，希望有人能幫著指明未來方向，希望獲得人生指引。在

這樣的心態下，他們無法避免地會產生焦慮情緒，過得不快樂不幸福。

雞湯文通常採用先抑後揚的創作手法，文章的主角在開頭通常處於和雞湯讀者受眾相似的境地，他們遭遇了事業的不幸或者情場的挫折，整個人都處於憂鬱消極的狀態下，這是「共情」的一種展現，目的就是迅速和目標受眾拉近心理距離。

受到巴納姆效應的影響，讀者會對雞湯文主角的這些經歷產生情感上的共鳴，進而產生代入感，感覺文章中的主角就是另一個自己。

接著，文章中的主角因為機緣巧合，又或者因為高人提點，生活出現了轉折，所經歷的一切悲傷和痛苦便得到了緩解，並最終走上了成功之路。這也會讓讀者從雞湯文中得到某種暗示，覺得自己只要耐心等待，就能和主角一樣化解危機，過上幸福的生活。這樣的暗示讓讀者的焦慮情緒得到緩解，也能獲得一些繼續生活的勇氣和對未來的安全感。

以上便是很多人愛喝「雞湯」的原因。問題是，「雞湯」真的有用嗎？

腦科學解讀：「雞湯」真的有用嗎？

就有針對心靈雞湯究竟如何「溫暖人心」而進行的研究。

先來回顧具身認知，說的主要是人的生理體驗和心理狀態之間有強烈的連繫，生理體驗可以「啟用」心理感覺，也就是前文自我認知篇章中提及的，摔東西可以讓人產生憤怒情緒，簡而言之就是，心境平平或即便是不高興的時候，保持笑容，可以讓情緒有所轉變，能讓人愉快一些。

再來看看溫度隱喻，這說的是，溫度的高低冷暖給人帶來的具體體驗和人際情感之間有隱喻對映的關係，也就是我們會根據溫度體驗來理解和調整人際情感，當然了，人際之間積極或消極的體驗也會反過來影響人對外界溫度的感知。

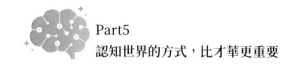

當經歷突發事件，比如你手頭的專案正如火如荼地籌備著，你突然被告之政策影響下這專案要被迫中止，在這樣的突發性事態中的人常常會感覺溫度驟降，會打個冷顫，或直接表達「好冷……」，確實是因為有些心理體驗會導致皮膚溫度感受的降低，這些都是經科學研究證實的客觀現象，所以下回你的同事好友遭遇了什麼職場家庭情感變故，那一瞬間他說冷，他會發抖，當然可能是突發疾病，也可能是突變下人正常的生理心理反應過程。

那麼，心靈雞湯都是別人的故事，都是別人的正能量故事，不是個體自己經歷的情感體驗，既然不是自己經歷的，這些間接的故事是怎麼「溫暖」人心的呢？

實驗隨機挑選了大學生測試者，一半閱讀財經新聞，一半閱讀心靈雞湯，當然了，在甄選閱讀材料時實驗人員也做了另外的實驗評估，挑選出來進行實驗的材料，財經新聞是評分「最無聊」的篇章，心靈雞湯是被評選出「最溫暖」的篇章。

在進行了幾組實驗之後，有趣的發現是：1. 閱讀心靈雞湯文字的測試者感受到的溫度比室溫普遍高出了約 3 度，而閱讀財經新聞的測試者感受到的室溫和真實溫度相差只有 0.5 度；2. 心靈雞湯組的測試者除了感受到室溫更高，對陌生人的評價也比財經新聞組的更加積極，也就是心靈雞湯透過溫度隱喻，引起了人的溫暖知覺，而對環境的溫暖感受又會進一步影響人對他人（陌生人）產生更積極的評價。

實驗還發現，心靈雞湯所引起的溫度體驗，雖說能影響人體的溫度感受，能影響個體對別人（陌生人）的評價，卻基本無法影響個體對自我的評價，這也是因為自我認知是一個相對穩定的心理狀態。

也就是說，心靈雞湯和溫暖感受之間確實存在隱祕又緊密的關聯，但

值得思考的是，實驗中的測試者是大學生，大學在校生和職場人士的知識結構、對個人、對他人、對環境的認知程度等等是不同的，如果這個實驗在測試者的選擇上，年齡跨度更大，涉及的職業領域更多，是不是能得出更多「關於心靈雞湯是如何溫暖人心」的結論？

但至少，為什麼雞湯的支持者多是年輕人這一點上，實驗給出了解釋。

那除了會影響對我們溫度的體感，影響我們對陌生人的評價，心靈雞湯到底還能不能有其他的具體效果？先來搞清楚人為什麼會閱讀心靈雞湯，心靈雞湯能幫助解決什麼問題。

如果只是想要透過閱讀心靈雞湯來撫慰內心，讓自己感覺好一點，打起精神面對生活，獲得積極生活的能量，那麼在一定時間段裡，可以說心靈雞湯是有用的。

例如，小W在工作中因為受到了同事的某種刺激而感覺鬱悶。這時，他恰好看到了一篇心靈雞湯，這篇雞湯文告訴他：「退一步海闊天空，不要用別人的錯誤來懲罰自己，也不要用別人的行為來傷害自己……」於是，在雞湯滋養下，小W認為，確實是的，不該輕易被不值得的人影響了，然後心境恢復了平靜。那麼此時，這碗「雞湯」是有用的，它能夠引導小W思考，不該因為外界因素而失去對情緒的控制。

但如果試圖僅僅依靠心靈雞湯來徹底改變一個人的心態、解決一個人的心理問題，改變一個人的人生軌跡，引領一個人走向成功，那只能說，「你想太多了！」

還是以小W為例，假如要試圖透過心靈雞湯幫助他建立自主、自信、自愛，不輕易受外界影響的積極心態，讓他能對自己有個清晰的認識，不會輕易被同事影響導致自己情緒失控，誰能給個建議，應該看什麼內容、

多少量的雞湯文？說白了，心靈雞湯可以在短期內撫慰受傷的心靈，讓人覺得「暖一點了」，卻無法從根源上解決問題。

這是因為，心理學認為，個體的認知、情緒控制等等能力的學習與培養離不開經驗上的累積，保持良好心態尤其是一種寶貴的能力。

說到這裡，我們不妨先來看一張圖片：

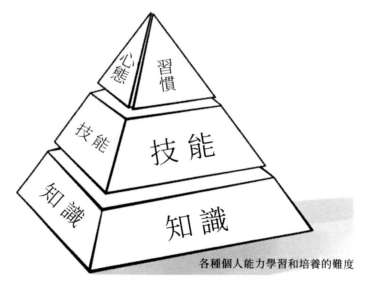

圖 各種個人能力學習和培養的難度

觀察上面的圖形，對於一個人而言，「知識」的掌握是最容易的，只要讀書聽課就可以獲得知識，甚至現在隨時隨地拿出手機滑一滑都能獲得知識。但即便是最容易掌握的「知識」，缺乏運用，就無法體會，更無法累積、內化成自己的東西，那麼也就會很快被我們的意識給遺忘。

不信翻翻以前的課本，你會發現至今能讓你記憶深刻的內容非常少，但能記住的，必定是在一些情境幫助下給你留下深刻印象的，又或是常聽、常見、常用的，比如你身邊有個愛酒的朋友總喜歡把「何以解憂，唯有杜康」掛在嘴邊，你聽多了偶爾自己也會下意識蹦出這句話。

雞湯文也一樣，我們很容易就能看懂雞湯文中的道理，然而那些道理若是不能用在實際生活中（其實很多道理都沒法落實），甚至連讓你記住並朗朗上口的能耐也沒有，它們就會很快被我們拋諸腦後，這樣的雞湯，無非就是讓你暖過，一面之緣一樣。

技能的學習比知識的學習就多了剛才提及的「運用」的過程，光靠聽別人說、看別人演示顯然是行不通的，只有運用到自己的經歷中，用多了自然就熟能生巧，用巧了就成自己的本事了，一門技術的習得，就需要以掌握知識為基礎，反覆進行實踐和演練，並經過多次磨練和實際操作。

心態和習慣則是最難培養的。行為心理學有個 21 天效應，說的是一個新習慣或理念的形成和鞏固至少需要 21 天，90 天可以形成穩定的習慣。而如果想把這個習慣變成一種生活狀態，把技能的熟練融合進生活，就需要進行更長時間的重複練習和訓練，比如 10,000 小時定律，熟悉一項技能至少需要 10,000 個小時的時間累積，是至少！所以，只靠幾碗雞湯就能撫平我們心中的傷痕、改變我們的心態、帶我們走出困境嗎？答案顯然是否定的。

問題是，如果不靠心靈雞湯，我們又該靠什麼呢？答案同樣很簡單：靠自己！事實上，很多時候治癒我們的，並不是雞湯，而是我們自己。

比如，我們都看到過這樣的雞湯文字：「時間是最好的解藥」、「一忘解千愁，忘記那些讓你痛苦的事才能獲得快樂！」但這樣的文字真的能讓我們忘掉那些痛苦嗎？事實上，大多數時候，「我要忘記我要忘記」這樣的想法，就像之前提及的「我要自信我要自信」一樣，其實是在提醒大腦加深記憶，也就是越想忘記一件事，就越是難以忘記，越提醒自己自信，其實也在暗示自己時不夠自信的。如果按照心靈雞湯所說的「等待著時間來治癒」，不對自我和生活做思考，那麼在時間的流失裡，就只能坐以待斃了。

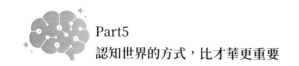
　　真正能讓我們走出傷痛的，其實是我們內心的求生欲和我們對美好生活的嚮往。當受傷或是遭遇挫折後，正是因為我們心中還有那麼一點點不想認命的堅持，還想看見更美的景色，所以才會咬著牙從陰暗潮溼的谷底爬出來，一點一點撫平心裡的傷，不斷激勵自己還有未來，還能再試試，總會有希望。

　　所以你看，治癒你的，其實並不是「忘掉」和「時間」，更不是雞湯，而是你自己。

5.3
為什麼一直碌碌無為？因為你懶

懶，本意是指不情願做某事，引申義是疲倦、沒力氣，因為實在太常見，它總是會被誤認為是人本性中的一種。生活中，大多數人總會有懶的時候。

比如，看到一篇文字，覺得很有趣，想要收藏了留著以後讀，然後，就沒有然後了；主管安排的工作，總是想著，明天再做吧；興致勃勃辦好了健身卡，結果一個月不到，就沒再怎麼去健身了；本來制定了晨讀計劃，堅持了三天，覺得還是在被窩裡再躺躺，躺著躺著就在想「為什麼要跟自己過不去呢……」。

如果仔細分析懶背後的心理成因，可以大致將人們所認知的懶分為以下三種：

第一種是懶得把時間花在沒有意義或者低效率的事情上。

在這種「懶」的支配下，人們往往會思考並尋找更合理、更高效的問題處理方式。比如，人們懶得走路，於是發明了汽車；人們懶得寫信，於是發明了電話；人們懶得做工，於是發明了機器……

其實從某種意義上而言，這種懶並不是真的懶，反而是一種勤奮，是思考解放體力並思考如何事半功倍的勤奮。正是因為有了這種「懶」，我們的生活才能變得更美好，我們的社會，才得到了不斷的發展和進步。

第二種是整個人處在消極被動狀態的鬆懈懶散。

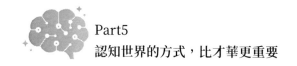

　　這種懶最常見的便是人們在做某件事情的時候，總是提不起精神，這也不願意做、那也不願意做，或者反應遲滯、不理性。它往往是由於生理和心理兩方面原因造成的，比如缺乏睡眠、身體抱恙、情緒低落，或是在劇烈運動、高強度工作後，感覺到疲憊的一種狀態等等，這可以藉助補充睡眠，或用一杯咖啡刺激副交感神經，或是醫生的一個處方來得到緩解。

　　這種懶，可以被理解，也可以被接受，但最好不要持續太久，而應該透過各種積極有效的手段，刺激自己迅速從懶的陰影裡走出來。

　　第三種懶是對自己的放縱，不知道自己該做什麼、能做什麼，於是乾脆什麼都不做。

　　比如，明明聽過無數的道理，知道一寸光陰一寸金、梅花香自苦寒來，可就是控制不了自己的拖延和畏難情緒；明明主管交代了一大堆工作，可就是不想做……這種懶，也是所有懶裡最可怕、最負面的。曾經聽過這樣一個故事：一個老和尚要下山化緣，出發前，老和尚給自己懶惰的徒弟烙了一張大餅，掛在徒弟脖子上，足夠吃一個星期。7 天後，當老和尚化緣回來，卻發現徒弟餓死了。原來，徒弟太懶了，只肯吃前面的那一面餅，等到面前的餅吃完了，掉在地上了，也懶得去撿……

　　這個故事中，小和尚因為懶丟了性命。在現實生活中，懶給我們帶來的負面影響，同樣不可忽視。

　　因為害怕失敗，於是懶得去嘗試，懶得去努力；因為獲取知識的過程太苦，於是乾脆道聽途說；因為反省、承認錯誤太難，於是懶得去認識真正的自己……在這些懶的支配下，當在職場上遇到了挫折，人就不會想著如何去突破，而是自認為瀟灑得說著「拉倒！」輕言放棄；於是多次跳槽後，癥結依然存在；當在情場上受挫，人不試著去改變，而是我行我素，於是即便經歷了 38 次失戀，依然苦於遇不到對的人，感慨情路不順……

這種拖延的懶、逃避的懶，一定是成功路上的絆腳石，也是阻礙我們擁有美好生活的屏障，它會在不知不覺中消磨人的意志和勤奮，讓人沉迷於安樂，讓人庸碌無為。

這個世界的公平就在於，我們每個人每天都有一樣的 24 個小時，怎麼安排使用這 24 個小時，就決定了你是誰，也就是說，你付出多少，就會收穫多少。試想一下，當別人勤勞踏實地加班，你卻因為懶惰，連自己的本職工作都不願意用心做；當別人披星戴月、早出晚歸，你卻因為懶惰，日上三竿才不情願地起床，還一邊抱怨著公司和老闆；當別人利用一切業餘時間去學習、去提升時，你卻因為懶惰，將自己置身肥皂劇和網遊世界中，你又憑什麼去收穫成功，你又怎麼好意思再問「憑什麼就我時運不濟、命途多舛？」。

很多時候，我們之所以庸碌無為，其實只是因為我們懶。

腦科學解讀：如何「治療」我的懶癌症？

當懶惰已經成為了阻礙我們走向成功的障礙，要如何去改變呢？在解決這個問題之前，我們首先要弄清楚懶惰產生的原因。歸納起來，「懶癌」的病因，無外乎有以下幾種：

第一、不安全感

每個人都嚮往高階的生活狀態，都希望自己能有所成就，然而要想生活狀態不斷升級，就意味著要放棄一些舊事物、舊習慣，意味著需要進入一些全新的場景，嘗試一些從沒做過的事情，接觸一些全新的人，甚至要進行一些冒險。

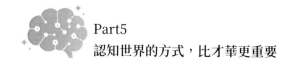

　　而這對於一些人來說是困難的，因為未知的嘗試會帶來不安全感。可如果人們害怕、抗拒、逃避這種不安全感，內心的能量只會越來越弱。

　　比如，小林考上公務員後的這幾年，變得越來越安穩，越來越怕改變。當同期畢業的同學在工作後，迫於生活的壓力不斷去進修、去提升、去拓展社交圈子時，他卻安於現狀，懶得變動。

　　幾年過去了，大部分曾經不如他的同學都得到了更好的發展，而他除了精通各種八卦、影視遊戲，聊起來手到拈來，體重飆升至 92.3 公斤外，幾乎沒有改變。

　　小林說，面對自己的原地踏步，他其實也有過很深的焦慮，想做出改變，卻總是因為懶而邁不開步伐，他說他珍惜那樣的穩定狀態，害怕一旦改變，某些平衡，就會被打破，怕失去安全感，於是只好日復一日懶下去。

　　在現實生活中，有些人待在舒適圈也並沒有任何不適，因為他們就是要追求安逸，人在不同階段的目標和追求自然不同，而像小林這樣安逸到困惑的人，待在再舒適的舒適圈也始終會心有不安。所謂的安全感，其實是自己腳踏實地一步步走出來的，舒適圈其實未必安全，若還想自我實現，請記得「落後就會挨打」，保持動態，越勤奮，越自信，才會有更多安全感。

第二、完美主義

　　有的人做事的動機過強，對成功的欲望過強，越追求完美，就越在意、越緊張，也自然越害怕失敗，於是，最終經過劇烈的內心煎熬之後，始終等待著所謂的「準備充分」、「適當的時機」，最後不得不選擇放棄，放棄努力。

事實上，比起真正的失敗，這類人恐懼的其實是內心對自己的失望，怕自己沒有理想中那樣出色，所以索性選擇讓懶成為不如意、不成功的理由，以懶惰來掩蓋內心的自信不足和能力不夠，放棄努力，不過是逃避努力後可能會失敗這件事對自己造成的心理壓力。

其實，沒有什麼是完美的，放下對完美的執念，拿出勇氣試一試、拚一拚，一定會發現，沒有那麼難。

第三、探索本能的喪失

孩子在幼兒階段會有自己的成長敏感期，會對外界充滿好奇和探索欲望。比如想要到處摸一摸嘗一嘗來了解這個世界，比如自己吃飯、自己穿衣服、自己剝橘子等等。然而有些家長會在有意無意中忽略孩子的這種探索本能，為孩子代勞一切「這個髒，你不要碰」、「那個你弄會弄得一團糟，還是我來幫你好了」；長此以往，孩子習慣了被安排、被服務，自己的動手能力、自信心就會被一再弱化。這種本能的喪失，極有可能造成人在成人之後，心理上、行動上的怠惰。

懶惰的原因其實還有很多，比如，如果所從事的工作並不是自己喜歡的，潛意識裡自然會消極抗拒，表現在行為上就會是懶、拖延。但無論是哪種原因造成的懶，都會給人的成長帶來消極影響。生活中，如果你也是一位懶癌患者，如果你也想治癒自己，不妨參考下面的建議：

◆要實施新計劃，先制定短暫的體驗期

俗話說「萬事起頭難」，難就難在要付諸行動下定決心這一刻，之後的計劃該怎麼制定，尤其是最初的計劃，可就別往「難」上靠了。當準備開始一次新的嘗試，可以給自己規定一個短暫的體驗期，這個體驗期可

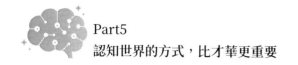

以是 5 分鐘，也可以是 10 分鐘，這個短暫的體驗期首要達到的目的就是，控制自己在這個過程保持專注，充分感受體驗的過程，盡可能發覺這其中的樂趣，否則，當時間過長，沒能體驗到其中的趣味，體驗感一般自然無法激起積極性。以這樣一個限制時間的體驗作為開頭，能夠在一定程度上克服對未知的恐懼。

◆設定合理時限，適當製造緊迫感

緊迫感是懶惰的敵人。給目標計劃設定一個時限，一個合理的、能帶來緊迫感，但又不至於製造過大壓力的時限，比如，小劉總是精神不濟，說睡不夠起不來，他有起床難的問題，常常鬧鐘叫不醒，醒來已經耽誤事情了，他想到的辦法就是給自己調 10 來次的鬧鐘，明明 8 點出門，7 點半左右起來盥洗就差不多了，他偏要提前兩到三個小時開始設鬧鐘。

當鬧鐘 6 點不到開始響了，他一邊按下鬧鐘一邊想著「我再躺 10 分鐘……」，躺到時間緊迫了才急忙起身。想想鬧鐘響的這兩個多小時裡，他一直處於淺層睡眠，潛意識裡還要惦記著「我不能遲到，我得及時起來，我就躺 10 分鐘……」這樣的狀態自然得不到理想的休息，能不累嗎？這典型就是給自己設定了不合理的時限要求。

合理的時限可以這樣，告訴自己不吃早餐會危害健康，進而影響工作，到時候辛苦賺的錢就要用來治病了，以此督促自己以後都再提前 20 分鐘起床，留足 20 分鐘沖個麥片吃片麵包。

◆設定目標期望，自我鼓勵

這有點合理做白日夢的意思，也就是某件事某個目標的吸引力夠大時，能幫助克服懶惰。因此，當我們開始了一個計劃，開展了一件事情，

不妨想想這個計劃完成時，這件事情成功後的狀態，一定的積極想像確實可以增強動力，提高積極性，避免懶惰。

◆給自己設定階段性的獎勵

目標的實現一般都需要一段時間，為了不讓自己懈怠，可以分階段來進行，分階段給自己獎勵，每完成一個階段，給自己設立一個小小的肯定，比如獎勵自己一本書、一次購物、看一場電影等等，鼓勵自己繼續下去。

不要總抱怨運氣不好，總苦悶自己懷才不遇，當你還不夠成功的時候，你應該告訴自己，沒有其他的藉口，你之所以庸碌無為，很可能就是因為你懶。

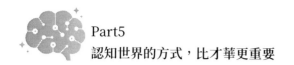

5.4
為什麼越是競爭，輸得越慘？

　　「紅黑遊戲」在領導力培訓中很常見，遊戲規則是這樣的：將參與者分為 A、B 兩組，然後分別送入兩個獨立封閉的房間。這兩組人都持有紅黑兩種牌，如果他們同時出黑牌，那麼兩組各得 3 分；如果兩組同時出紅牌，則各扣 5 分；如果一組出黑牌一組出紅牌，那麼出黑牌的那一組扣 5 分，出紅牌的那一組加 5 分。兩組各有六次出牌機會，每一輪裁判都會通報出牌情況和得分結果，累積得到最大分值者為贏家。

　　如果對遊戲規則稍加分析，我們便會發現，當雙方都出黑牌時，兩組就能實現雙贏，獲得最大正分值。道理非常的淺顯易懂，但是這個遊戲從發明至今，卻幾乎沒有出現過雙贏的局面。作為競爭者，人們總不免擔憂自己會輸，這種擔憂也會加重怕對方贏的擔憂，越想贏也就越擔憂越緊張，因此就容易忽略共贏的可能性。在這個遊戲中，競爭者擔心出黑牌會被扣分，希望透過自己出紅牌、對方出黑牌的方式，一下子拉開彼此的分值差距。

　　可其實，競爭關係並不都是角鬥場，它可以是一個合作的舞臺。職場尤其如此。

　　職場就是江湖，人在職場，總是要面對各種競爭，比如某一次登臺亮相的機會，某一次提拔升遷的機會，某一次獲得獎勵的機會……職場中的競爭非常普遍，但這種競爭又不同於外部競爭，因為同屬同一個公司、同一個部門，甚至同一種職位，彼此的競爭還牽扯到共同的利益和共同的目

標，當然，也摻雜著個人感情。這一切都令職場競爭變得更為複雜。

在這樣複雜的競爭環境下，要想愉快地與同事相處，順利地完成工作，保證公司利益最大化以及每個人利益的最大化，就需要秉持合作共贏的理念。

「1＋1＞2」是經濟學中的一個著名的共生效益，它啟發我們，同乘一艘企業大船，我們每個人都在共同生存、共同發展，我們每個人之間都具有共同的特徵，同樣的，我們每個人也都會獲得比單獨生存更多的經濟與現實利益。

自然界中有一種現象：當一株植物獨立生長時，總會弱不禁風、不成氣候，大風一來就容易東倒西歪，甚至被颳倒，但是如果同類植物成片生長，那一定是蔥蔥鬱鬱、枝繁葉茂、生生不息。

其實，這種植物界裡的普遍現象也同樣存在於人類社會。人類是群居動物，具有社會性，正是這種社會性讓人類文明不斷發展壯大。著名的英國心理學家榮格（Carl Jung）曾提出過這樣一個理論：「I+WE=fully」（我＋我們＝完整的我），言下之意就是，人類社會中沒有絕對獨立的個體，我們每個人只有將自己融入群體，才能最終實現自我價值，才能成為完整的個體。

在職場中，個人的目標需要與同事的目標、公司的整體目標融合，才能順利實現，這便是職場中的「雙贏理論」。當然，「雙贏理論」不僅可以讓職場中的每個人都實現預期的共同利益，更重要的是能為大家營造更廣闊的發展空間。

實現雙贏應該是皆大歡喜的局面，可是為什麼在現實的職場中，大家還是喜歡競爭呢？

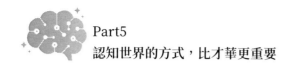

腦科學解讀：為什麼人會喜歡競爭？

從心理學的角度來說，人們喜歡競爭主要有兩方面的原因：

第一、競爭是人的天性

人與人之間普遍存在一種「競爭優勢效應」。所謂的「競爭優勢效應」：沒有人願意承認自己比別人弱，每個人都希望自己是強者，都希望可以最大程度的實現自我價值。

在這種心理效應的影響下，大家會忽略合作共贏，一旦涉及到利益紛爭，大家便會本能地抱著「就算兩敗俱傷，也好過羨慕別人的成績」的態度，自顧自奮力爭取自己那份，即便大家同乘一條船、屬於共同的利益集團。

「最後通牒博弈」有這麼一個實驗，測試者兩兩一組，一起對一筆固定的錢達成分配協約，抽籤決定提出方和表決方，這過程中兩人需要一次性達成，也就是提出方一次提出分錢方案，表決方表達同意或不同意，如果表決方同意，那麼就按提出的方案來分錢；如果他不同意，兩人都兩手空空一無所獲。

把我們自己代入這個實驗，作為表決方，非常理性的我們會想：根本不用費腦子，無論如何都該接受提出方的分錢方案，因為無論如何這錢都是「白賺」的，同樣，假如作為提出方，有人會認為一人一半最公平，可也會這麼考慮：既然是白得的錢，那不賺白不賺，分得多少都該是會高興接受的！

實際情況是怎麼樣的？實驗發現，提出者如果分給對方的少了，表決方就會拒絕，對，白賺的錢都寧可不要。平均下來發現表決者願意接受

30% 以上的利益分配，拒絕 30% 以下分配。當然這其中也有些人願意選擇 5-5 分，知道這是公平的，那麼協約也就達成了，皆大歡喜了，可我們無法要求世人都抱持 5－5 分的想法，總有很多人會有各種考慮，也就是有的人寧可不要，也不願意少得，也就有人想讓自己多得一些，6－4 分、7－3 分，甚至 9－1……

還記得我們聊過的「不公平」嗎？覺得別人得了自己沒得，或是覺得自己比別人得到的少了，往往就成為了讓人恨之入骨的「不公平」。100 塊還是筆小數，假設這筆資金有 100 萬，這之中互相競爭的兩個人，若是一個想得到 90 萬，只願意分給另一個人 10 萬，又或是一方想得到價值 99 萬的功勞，只給另一方留下一點「謝謝你啦！太辛苦你啦！」事態會怎麼發展？對比引發情緒，情緒影響行為，得少的一方握著唯一的籌碼，拒絕合作，最後兩敗俱傷。

這樣的情況很常見，當獨自獲得較大利益與和他人一起獲得較小利益之間，很多人都會選擇顧及自己的欲望，選擇前者。人都希望自己可以多得，可遺憾的是，這種選擇通常不會讓我們如願實現自身利益的最大化，反而會雞飛蛋打、玉石俱焚。

第二、人與人之間缺乏溝通

除了受天性影響，人與人之間喜歡競爭的另一個原因便是缺乏溝通。很多時候，我們與同事之間的合作之所以沒有達成，問題就出在雙方的利益分配機制沒有成功建立，造成這種結果的關鍵原因很可能是缺乏溝通。

試想，在前面的實驗中，如果參與實驗的所有測試者沒有被要求「只能一次達成協約」，而是能夠被允許進行良好溝通，能夠互相商量，相信結果也會不一樣。

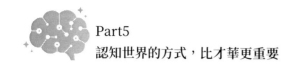

　　總之，在職場上，一味的互相競爭而忽視了合作共贏是很危險的一件事，不論是對企業，還是對個人，都沒有益處。只有推崇「雙贏理論」，透過彼此合作，才能在在個人利益的基礎上，實現集體利益的最大化。

　　那麼，在職場中，要想實現合作共贏，我們具體又應該怎麼做呢？以下建議可供參考。

◆尊重別人，包容差異

　　人無完人，對待別人，需要包容差異，接受並面對別人與自己的不同，尊重欣賞，看到別人身上的強項，發現別人的優勢和價值，以積極心態和情緒面對職場事和職場人，習慣了這樣的積極狀態，也就會收穫來自別人的，同樣的尊重和欣賞，這也就能為合作打下良好基礎。

◆放棄執念，面對現實

　　職場中的「不可避免」之一，就是總會有人比你更優秀。與其不服氣，與其鬥得兩敗俱傷，不如坦然接受自己不如別人這個現實，是的，我們總有比別人強的地方，也總有些比不上別人的地方，放下「我什麼都要比別人強」這個不合理的執念，接受現實。如此以來才能擁有一顆平常心，才能發自內心向別人學習，取長補短，促進不斷進步。

◆團結力量，共同發展

　　「團結就是力量」這句話聽得耳朵都長繭了，但它確實創造了很多成功、很多傳奇，這句話不應該僅僅是一句口號，而應該深深根植於每個人的內心。在職場中實現優勢互補，要讓每個人發揮能量，才能讓大家一起

為公司發揮自我價值，創造更大效益。人性中都有自私的一面，但人也都該明白，大家好，才能真的好。

◆看淡競爭，建立共贏思維

職場中難免會有利益紛爭，會有競爭壓力。在當今社會，比起競爭，更重要的是互利共贏，在和別人合作的同時，也是在成就自己，讓別人收穫，也就是讓自己收穫，只有合作才能實現共贏。

合作共贏，是所有成功者的重要策略，要想實現自我價值，就更應該團結身邊人，謀求合作。俗話說：「三個臭皮匠勝過一個諸葛亮。」弱化競爭思維，強化共贏理念，實現 $1 + 1 > 2$，才是最理想的結局。

要明白，只有「共贏」才是真正的「贏」，才是更長久的「贏」。如果沒有共贏的信念，你單槍匹馬，精力有限，資源局限，怕只會越爭越輸。

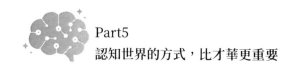

Part5
認知世界的方式，比才華更重要

5.5
「牆內開花牆外香」是怎麼回事？

　　在生活中，你也許不會因為劉德華買了一棟海景別墅而考慮自己也要置產，但你可能會因為同事小明剛買了輛車，而考慮自己是不是也要買一輛；在職場中，當老闆說：「這個月專案做得不錯，給你加 10,000 塊獎金。」你會高興，可給你加 10,000 塊的同時，同部門 Amy 加了 20,000 塊，你又會作何反應呢？

　　同事小明買車原本和你沒什麼關係，但你就是會因此考慮自己的行頭問題；獲得 10,000 塊獎金本來是該高興的事，可就因為同事比你得的更多，你的幸福感反而更低了。

　　這便是一種典型的嫉妒心理。

　　嫉妒是我們一出生就會擁有的情緒，它常見又複雜，通常不需要經過後天的刻意學習，它的出現和發生，往往是源於人對自身脆弱的隱憂。余秋雨先生描述嫉妒：「焦灼在隱祕中，憤怒在壓抑中，覬覦在微笑中。」大多數人體會到的嫉妒，通常是一種咬牙切齒、痛心疾首的感覺，並且，這種感覺會促使我們滋生出「我得不到，你也休想得到」、「我上不去，你也別想上去」、「我失去了，你也別想得到好處」的想法，讓人開始不擇手段地去排擠打壓。

　　有過這樣一個故事：有個人非常幸運地遇到了神，神說：「我可以幫你實現任何一個願望，但前提就是你隔壁鄰居老王會得到雙份的。」這個人起初高興得不得了，但他一思索：如果我得到 1,000 萬，老王就會得到

2,000 萬；如果我要繁華商業區的一棟樓，老王就會得到兩棟，如果我……想到老王會比自己得到的更多，他就很憤恨，不知該提什麼願望才好。最後，他一咬牙說：「你挖我一隻眼吧！」

你看，這就是嫉妒的可怕之處。

許多人在說到嫉妒的時候，通常會聯想到女人。在人們的觀念裡，女人是善妒的。這是因為，在生活中，當一個女人長得漂亮的時候，別的女人就會評價她：「花瓶一個，人造可恥！」當一個女生自信聰明的時候，別的女生就會說她：「自以為是，狂妄自大！」當一個女人能力突出的時候，別的女人又會嘲諷她：「有背景，不清白！」而如果一個女人既有美貌又有才華，別的女人多半是不會親近她的，只會說她：「孤高自傲，目中無人！」

然而，這並不能證明嫉妒就是女人的專利。事實上，嫉妒具有普遍性，它不受性別、貧富、地位等客觀條件的影響。在生活中，女生會嫉妒，男生也會嫉妒，窮人會嫉妒，富人也會嫉妒，在任何一個階層或群體中，在男人和女人身上，嫉妒的頻率和強度基本都是一致的。

而我們之所以會感覺女人更愛嫉妒，僅僅是因為，男人和女人的大腦執行有區別。生理上的區別就決定了，比起男人，女人對情感，尤其是負面情緒的感受力更強，女人也更願意表達情感，所以女人的嫉妒也更外顯。

除此之外，嫉妒還具有兩面性。

嫉妒是人與生俱來的情緒，就像焦慮一樣，它並不是一無是處的。進化心理學認為，嫉妒來自個體生存繁衍的需要，就像大猩猩守護地盤、鞏固地位、維護特權那樣，它通常具有兩面性：一方面，它能夠讓我們因妒生恨，做出許多傷人害己的事情；另一方面，它也能夠成為努力的動力，

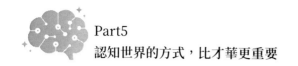
促進人發憤圖強。所謂的「臨淵羨魚，不如退而結網」，說的也是這個意思。

當然，無論是嫉妒帶來的好處，還是嫉妒導致的不堪下作，其實都是人的作為。佛家說：「一念成佛，一念成魔。」所以，嫉妒究竟能發揮什麼樣的作用，關鍵全在於人對待它的態度。

嫉妒還遵守一定的「距離法則」。通常，距離越近越容易產生嫉妒。

比如，一個渴望揚眉吐氣的工廠員工，不會嫉妒費德勒（Roger Federer）得了大滿貫、拿了高額獎金，但他會對同鄉的同事因為球打得好，得到了主管的賞識而耿耿於懷；一個普通女生不會因為范冰冰的大紅大紫而感覺鬱悶，但她會因為當年同宿舍的室友成了著名演員而感慨萬千；一個普通學者不會嫉妒莫言拿了諾貝爾文學獎，但他會因為身邊同事拿到研究獎項，並得到了一筆科學研究經費而寢食難安。

通常，人是不會嫉妒跟自己相距很遠的人的，這種距離，既包括空間的，也包括心理上的、時間上的、地位階層上的。換言之，我們所嫉妒的，往往是我們身邊親近的人。所以「牆內開花牆外香」，當一個人取得了某些成績的時候，一旦取得些成績成就，承認和讚賞他的，往往是圈外的人，而貶低和輕視他的，往往是圈內的人。

有例為證：小飛在業界相對年輕，沒有什麼背景，一直默默努力，終於拿到了某專利，圈外人稱他為專家，而小飛的某同事不止一次在公眾場合表示：「申請個專利有什麼難，現在紙上談兵的東西也能申請專利，只要有關係有錢就行……」後來，圈內便出現了小飛抄襲作假走後門的傳聞，因為謠言滿天飛，部門也不重用小飛，最後，小飛只好跳槽了。

像萬千遭妒的人一樣，小飛不得不選擇了離開，看上去似乎是小飛遭受了損失，嫉妒的人得逞了，但其實最可悲的，還是嫉妒他的人。對於那

些善妒的人來說，他們通常會給自己帶來兩方面的麻煩：

一是健康上的麻煩。

嫉妒者總是對別人的優點長處異常關注、極度敏感，那些往往和他們沒有半點關係的事情，也能成為他們的眼中釘肉中刺。他們總是一廂情願的製造一個又一個沒有硝煙的戰場，讓自己背負巨大的壓力。比如，拿到專案的同事、長得好看的新組員、有了成就的舊同學等，都可以成為他們的假想敵和壓力源。

除了這一重的壓力，他們往往還會讓自己背負第二重壓力，那就是不斷地否定別人的好。「否定」這種想法狀態本身就是消極的，對自己沒有任何好處，只會讓自己陷入更深的負面情緒中。而人一旦被負面情緒主導，自然就得不到積極體驗，離快樂也就更遠。

並且，當一個人長時間生活在壓力和負面情緒中，他的身心健康也會受到影響。我們大腦的注意力是有限的，如果它過多地被壓力和負面情緒占據，那麼它分配在其他方面的精力就會減少，人的生活狀態就會受影響，比如，工作上紕漏不斷，學習上成績下降，跟人交流溝通總是心不在焉等。這些生活中的問題又會反作用到心理層面，造成更大的心理壓力和負面情緒，形成惡性循環，引起心理問題、嚴重心理問題、神經症，甚至精神疾病，精神問題再透過器質性病變顯現出來，生理上的各種病痛就來了。

二是個人形象聲譽方面的麻煩。

稍加留心就會發現，再能說會道、再善於掩飾的人，一旦嫉妒起來，聲調語氣，面部肌肉走向，肢體動作都會有所表露，他們的眼睛裡通常會閃爍凶光，嘴角帶有輕蔑，語氣中含有諷刺。正所謂相由心生，長此以往，面目便會變得難看。

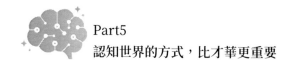
嫉妒害人更害己，那麼，面對普遍存在的嫉妒，我們究竟應該怎麼辦呢？

腦科學解讀：面對嫉妒，我應該怎麼辦？

要回答這個問題，首先要弄清楚嫉妒是怎樣產生的，以及人為什麼會嫉妒。

嫉妒通常是在對比中產生。《道德經》裡說道：「難易相成，長短相形，高下相傾，音聲相和，前後相隨……」因為事物都是互相對立而出現的，所以有和無由互相對立而誕生，難和易由互相對立而形成，長和短由互相對立而展現，高和下由互相對立而存在，音和聲由互相對立而和諧，前和後由互相對立而出現。同樣的道理，強勢的心理體驗和弱勢的心理體驗也是相對立而出現的。

人有情緒認知，當人生活在社會關係中、處在複雜的人際脈絡裡、扮演著多重社會角色時，就勢必會在強勢和弱勢的心理體驗之間有所體會，而當人處於弱勢體驗中，就會對別人的強勢特點非常敏感。

這裡的弱勢體驗，可以是報表裡數字出錯被老闆苛責並扣了獎金，可以是比賽時因失手而導致與好名次失之交臂，可以是遭遇渣男被欺騙了感情正經歷著情傷，可以是考試失利，可以是客戶被搶走，可以是遇到了小三，可以是被好友誤會或是被同事揶揄，可以是遭遇了任何不公，也可以是一個住著 50 坪房子的人遇到了一個住 100 坪房子的人時，產生的弱勢體驗、一個擁有 5 千粉絲的人遇到一個有 5 萬粉絲的人時產生的弱勢體驗。

那麼，何謂「強勢」呢？概括來說，任何一個人的任何一種特點或狀態都有可能成為別人眼中的強勢。比如，季軍的眼中亞軍可以是強勢、

第 31 名眼中第 30 名可以是強勢、38 歲對於 40 歲來說可以是強勢、開瑪莎拉蒂對於開 BMW 來說可以強勢，甚至發表了一篇文章、簽下了一個客戶、和老闆多說了幾句話等，也可以成為別人眼中的強勢。

通常，這些強勢和弱勢都是透過比較產生的。也正是因為有了這些無處不在的對比，才有了嫉妒。換言之，嫉妒不是對比出現的必然結果，但嫉妒多是源於對比。

那麼，什麼樣的人更容易嫉妒別人呢？答案很簡單：內心有缺失的人。

生活在這個世界上，我們每個人都是獨立的個體，都有各自的發展軌跡，這便導致了嫉妒在情境上的各有不同。嫉妒是負面情緒的一種，那些內心有缺失、自我價值感低、不自信、不自尊、不自愛的人，通常更容易嫉妒。

比如，那些仇恨權貴的人，其實有相當一部分都是因為自己窮困又見不得別人富貴，自己享受不到特權又見不得別人享受。一旦他們逮到了機會，他們就會舉起諸如公平正義或道德的旗子對權貴發起批判聲討。從表面上看，他們似乎是對權貴恨得牙癢癢，但實際上，他們心底充滿了豔羨。而一旦他們自己猛然得了權力或是突然發跡了，他們也會成為自己原本憎恨的權貴，像他們原本憎恨的權貴那樣處事和生活。

所謂的「王侯將相寧有種乎」，義憤填膺的背後其實也是對於權貴階層的嫉妒，這樣的起義並不是真的為了反奴役、反剝削、反壓迫。所以，這些帶頭起義的人後來就成為了新的「王侯將相」，百姓得到的不過是新一輪的奴役剝削和壓迫。

那麼，面對普遍存在的嫉妒，我們究竟應該怎麼辦呢？以下三點，值得參考：

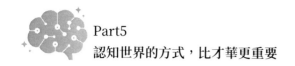

◆面對別人的嫉妒，淡然處之

當別人嫉妒你，你說「我不在意」，可也許你已經在不經意間受到了影響，比如：在某個夜裡突然想起被中傷的事輾轉反側、在遇到嫉妒者時故意視其如空氣冷面相迎、面對嫉妒者時明明想擦身而過卻不得不故作友好……這些情境的發生都說明，你因為那個嫉妒者，消耗了不必要的精力和注意力。

正因為嫉妒是普遍存在的，所以，當我們發覺自己被別人嫉妒了，不要大驚小怪。馬未都說過一句有趣也有用的話：「什麼時候關於你的流言四起了，也說明你成功了。」對於別人的嫉妒，我們可以把它當成是對自己的一種認可。當然，在這個過程中，也要拿捏好一個尺度，過分的陶醉在別人的嫉妒中，也是不可取的。

◆遇到惡意中傷，不必一味忍讓

當別人因嫉妒而惡意中傷我們，我反對一味的無視忍讓，三人成虎就是個極具警示性的典故。大腦是主觀的，接收的資訊重複頻率越高，單一資訊的源頭越多，也就越容易被「洗腦」，越容易信以為真。

所以，面對別人的嫉妒，不需要刻意逼自己大度和退避，而是要保持心態放鬆，又要保持自我覺察，要做到策略上藐視，戰術上重視。通常，嫉妒的展現很多樣，有些是毫無根據胡編亂造的，有些是有一定依據的，我們要做的，就是從這些嫉妒中尋找對自己有價值的資訊，努力讓自己處於有利位置。比如，對於那些毫無緣由的中傷，可以冷處理；對於那些有一定基礎的說法，無論是以不變應萬變還是保持主動性，在思考應對方法的同時，還需要及時自省。

◆覺察自己的嫉妒心

有人的地方，就會有對比，我們通常會在事物間作比較，在別人間作比較，在自己和別人之間作比較。有些時候，我們的確需要作比較，比如考試的時候、比賽的時候，我們就需要透過比較來確定等級、建立秩序，以達到一種公平井然的狀態。

除去這些特定情境，更多的時候，人和人之間其實是不具備可比性的。這是因為，我們每個人都是獨立的個人，都有自己的遺傳基因和原生家庭，有不同的生長環境和生長條件、天差地別的教育和成長經歷。

比較的確可以起激勵作用。然而，正如古話所說的，「人比人氣死人」，人和人之間的比較，弊端所導致的影響力遠大於它帶來的那點好處。換言之，人和人之間其實是沒有更多比較的必要性的。

所以，不必隨意拿自己和別人對比，如果一定要比，請理性比對，不拿自己的短處和別人的長處比，不盯著自己沒有而別人有的。正所謂「尺有所長，寸有所短」，總有五音不全的運動員，總有不懂算帳的樂手，總有毫無運動細胞的醫生……當別人在某些方面強於你，也總會在某些方面不如你。

Part6
捨不得舒適圈，就套不住「狼」

　　為什麼年紀輕輕的你，卻失去了工作熱情？為什麼你每天忙忙碌碌，卻依然一事無成？為什麼你總是害怕失敗？這些複雜的職場現象可能讓你習以為常又深感困惑。其實，這些都是我們身邊的一些心理學法則的展現。了解這些法則，才能走出舒適圈，真正找到職場的詩和遠方。

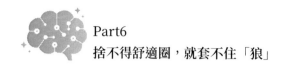

6.1
年紀輕輕的你，為何失去了工作熱情？

這些年常常會收到一些留言，字裡行間訴說著自己的「喪」。過去，這些比較消極、比較迷茫的情緒，更多的來自上有老、下有小，是正遭遇中年危機的「夾心層」。逐漸的，以八年級、九年級後為代表的年輕一代也越來越多的加入到焦慮、迷茫的消極陣營。

到底是什麼，讓這些初入社會的年輕人失去了工作和生活的熱情，甚至失去了夢想和希望，走上了一條很「喪」的道路呢？而這種狀態，又帶給了他們什麼樣的影響呢？

阿強從某所理科著名的大學畢業之後，順利進入了一家 500 強企業，憑藉思維敏捷和積極主動，他很快得到了主管賞識，獲得了升遷。然而，工作了幾年，處在理想職位的阿強突然鬆懈了下來。他說，因為發現其實不用那麼努力，也一樣可以過得很好，而且周圍的同事，大多也沒有很拚命。

人一旦讓自己鬆懈下來，就很可能持續鬆下去，就好比經過拉扯的橡皮筋，越拉扯它越鬆。最開始，阿強偶爾遲到或者敷衍工作還會心有不安心存愧疚，慢慢的，習慣之後倒也就面不改色了。而這樣的習慣也讓阿強越來越懶散，一改從前的拚命模樣，心安理得地待在了自己的舒適圈。

這樣的舒服日子過了兩年，在某一次的業績考核評估中，阿強的部門再次墊了底。不巧的是，阿強所在的公司又恰好趕上改組換屆。俗話說，新官上任三把火，新主管上任的第一把火，便燒向了阿強。

　　因為要執行優勝劣汰制，阿強被降級了，這讓他整個人都頹廢極了。一方面，他對於這樣的結局十分不甘、不滿，另一方面，他也很怨恨自己，不知道為什麼，他弄丟了那個積極向上、努力工作的自己。

　　阿強的狀態可能代表了如今許多的年輕人，他們在剛剛進入職場時，往往都對工作抱有 120 分的熱情。這個時期的他們，滿懷壯志，目光所及全都是美好前程和璀璨未來。

　　然而，職場並不是一帆風順的，工作也並不總是有趣的。工作了一段時間之後，他們漸漸發現每天的大量時間都花費在重複的工作內容上了。最重要的是，勤奮的人似乎並沒有因為勤奮而得到什麼好處，懶惰的人似乎也並沒有因為懶惰而受到什麼影響。

　　日子久了，他們便對工作失去了熱情，變得安於現狀，變得不思進取，變得不再去思考自己工作中的不足，也不再想著如何才能把事情做得更完善，而更多的是抱著交差的心態，上班便等著下班，出現了工作懈怠的典型表現。

　　這樣的狀態，其實非常危險。表面看，似乎沒損失什麼，反正努力和不努力、上進和不上進，並沒有什麼差別。可實際上，他們的懈怠，他們的安逸，他們的不思進取，卻也讓他們學不到任何東西、取得不了任何進步，反而讓他們變成了隨時可以被取代的人，甚至，還會消磨身上的積極特質，影響未來，最終失去存在的價值。

　　在安逸的環境中失去了鬥志的他們，和溫水裡的青蛙又有什麼區別呢？

　　提到溫水煮青蛙，大家一定都不陌生，這是 19 世紀末美國康乃爾大學的科學家做的實驗：把青蛙放進 40 度的水中，青蛙感受到突如其來的高溫自然是立刻奮力跳離逃生了。而當把青蛙放進冷水中，再緩慢加熱，

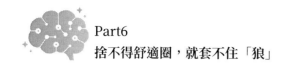
每分鐘上升 0.2 度，結果就大不相同了，青蛙最初在冷水中感覺舒適悠然自得，等到感覺到溫度難以忍受，覺察到危險時，它們已經無力逃生，最終一命嗚呼。

如果把這裡的「青蛙」換成人，把「大鍋」換成職場，仔細想想後，是不是覺得恐怖到了極點？

人都有尋求安定舒適的本性，許多年輕人初入職場，是可以憑著學歷智力、才華能力為自己找到一片舒適圈的，可是一旦久居舒適圈，失去工作熱情，不再努力打拚，也不再努力提升自我，就會變成可憐的青蛙，在不知道不覺中讓自己待在了溫水中。

一旦水沸了，舒適圈也就不再舒適了，比如，公司要重新洗牌優勝劣汰、公司來了更優秀的後輩，再比如，失業後需要再就業時才幡然醒悟，這些年的自己，渾渾噩噩，沒什麼作為和成就，也學無所長。那個時候，等待他們的，便是痛苦、煎熬，甚至是被淘汰！

我相信世上沒有一個人願意成為溫水裡的青蛙，問題是，在走進職場後，我們又應該怎樣去擺脫「溫水青蛙」的命運呢？

腦科學解讀：怎樣擺脫「溫水青蛙」的命運？

美國自然科學家、作家杜利奧曾說過：「沒有什麼比失去熱忱更使人覺得垂垂老矣。」我們在心理學中把杜利奧提出的這種理論稱為「杜利奧定理」，指的是，一個人的思維和行動都取決於他的心態，如果心態發生了改變，那麼這個人從思維到行動都能產生改變。

許多人年紀輕輕的就失去了工作熱情，就是因為心態發生了變化。剛剛入職的時候，躊躇滿志，意氣風發，工作一段時間之後，他們漸漸適應了工作環境和工作節奏，就像待在水裡的青蛙，感受不到水溫的變化。所

以，歸根究柢，要想擺脫「溫水煮青蛙」的命運，最重要的便是要改變心態，維繫工作積極性和工作熱情。關於這一點，有如下建議：

◆ 尋找樂趣、發現樂趣

工作瑣事常常是枯燥乏味的，所以我們要有一雙善於從瑣碎的日常中尋找樂趣的眼睛。此外，給自己適當設定一些獎勵，是必要的，這一點在前文也提到過，如果某一天的工作達到了既定的目標，給自己一點甜頭，以此作為激勵。

比如，現在的許多年輕人都愛玩遊戲，我們可以把每天的工作任務當做遊戲的日常任務來完成，完成了每天的日常任務就可以獲得今天的薪資，超額完成任務就可以獎勵自己一頓美味的大餐，透過類似的方式保障自己每天工作的完成度和積極性。當然，激勵完成任務並不局限於遊戲的形式。

◆ 保持平常心，避免患得患失

有過這樣一個故事：一位老人家裡有兩個女兒，大女兒嫁給了傘店老闆，二女兒嫁給了洗衣店老闆。於是到了晴天，老人家就開始擔心大女兒家的傘賣不掉，可該怎麼辦；到了雨天，老人家又開始擔心二女兒家的衣服晒不乾，又該怎麼辦。就這樣，老人憂心忡忡，積鬱成疾。

某天老人遇到一位智者，他說出了心中的苦惱，沒想到，智者聽完拍手叫好，智者說：「老人家您可真是好福氣啊！下雨天大女兒生意興隆，大晴天二女兒家盆滿缽滿，不管什麼天您家總有好事呀！」

老人一聽，好像是這麼個道理，心裡陰霾一掃，病也很快就好了。

故事中的老人就是過於患得患失的典型，用悲觀的視角看問題，忽視

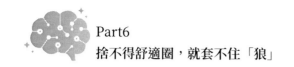

了事情積極的一面。事實上，這世上的萬事萬物都有正反兩面，如果你眼裡只看到反面，那麼你就會過得不快樂，反之，如果多看到積極面，就會過得更輕鬆。

職場也一樣，多以樂觀的態度和積極的視角看問題，始終保持平常心，不被表面的得失干擾心境。唯有此，才不會因為那些工作中的意外而感到焦慮，即使出現問題了也能坦然面對，及時補救。

◆用積極的心理暗示，保持積極心理狀態

拿破崙・希爾（Napoleon Hill）說過，如果人們能夠看到他們成為了他們想像中希望變成的人，並如同想像中的人那樣做事，很快他們就不僅僅是個扮演者，而是將會真正地成為他們想成為的人。如果你想成為一個出類拔萃的人，那麼要向全世界的人表明你相信你自己，讓自己自信地去做事，堅信自己的所作所為。

對自己進行積極的心理暗示，對個人的成功非常重要。轉變意識、發展積極心態，就可以從積極的自我心理暗示做起，可以溝通自我意識中的「意識」和「潛意識」。這些積極暗示的內容通常是具體的、實際的、可操作的，比如對自己微笑、告訴自己「你很棒」，也可以讓親近信任的人常對你說「你可以的，加油！」等等，這些信念在不斷加深的過程中，對潛意識來說也就更容易接收。

常常對自己進行積極暗示，讓自信主動和潛意識連結，也才能更好地開發大腦中未被開採的潛能寶藏。

◆給自己尋找一個對手

美國管理大師彼得（Peter Drucker）說過：「一種動物如果沒有對手，就會變得死氣沉沉。同樣，一個人如果沒有對手，那他就會甘於平庸，養成惰性，最終導致庸碌無為。」所以，如果不想成為溫水裡的青蛙，給自己找一個合適的對手，這相當重要！給自己製造競爭感、設立目標，來督促不斷前進和追求突破，避免過於安逸。尤其是當處於職場舒適圈，我們更應該時刻保持對現狀的警惕，比如，升遷了、加薪了，到了一個新高度了，滿足地享受著奮鬥得到的尊重感和物質生活，享受著享受著很可能就不願意再重新站起來，覺得披荊斬棘太累了。這個時代，真有什麼永遠不變的趨勢的話，那只有「變」，是不變的，不斷改變，不斷學習，不斷更新，才能保證不會在時代更迭中脫隊。

年輕是一個令人羨慕的詞語，年輕代表著活力、代表著青春，也代表著無限的可能。年輕的你，如果不思進取，總是待在自己的舒適區，把大把大把時間消磨在舒服、愜意，卻對未來毫無意義的事上，那無疑是在辜負青春。所以，趁著年輕，重拾熱情，去奮鬥吧！

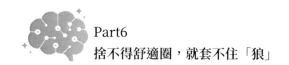
6.2
為什麼每天忙忙碌碌，卻依舊一事無成？

你會不會也常常因此而苦惱？

一直以來都有想做的事情、想實現的目標，對「吃得苦中苦，方為人上人」、「不經一番寒徹骨，哪得梅花撲鼻香」的理解早已深入骨髓，然而幾乎每天都在割捨不掉的懶散中巴望著努力和奮鬥。

下決心要開始做專案簡報了，開啟電腦想要搜尋簡報模板，螢幕右下角出現了「看了笑到停不住的十張圖」，忍不住點了進去，過了 20 分鐘，突然記起剛才是打算找簡報模板來著。

同事中午說自家親戚的企業打算發行股票，一副興高采烈的模樣，你開啟手機準備查查企業發行股票相關資訊，卻被搜尋欄下面推送的資訊「某明星不為人知的私生活大起底」吸引了，你忍不住點了進去，過了 20 分鐘，突然記起剛才是想了解企業發行股票來著。

臨睡前，想著要早點睡早點睡，可閉眼熄燈前總是忍不住拿起手機滑滑最新資訊，或者在社交軟體上「瀏覽」一翻，時間也在不知不覺中走到了凌晨。

早上醒來，想起半年前定下過晨跑計劃，但睜開眼睛的第一件事是拿起手機，開鎖後第一眼瞄的是時間，第二眼就是各 app 推送的新聞，感興趣就點進去了，不感興趣就直接點開社交軟體，看看昨晚的留言又得到了多少回覆……

我們似乎每一天都在追求更好的生活，看到的、聽到的、知道的越來越多，我們了解這個世界的途徑管道也越來越多，然而，隨之而來的是空閒越來越少，壓力越來越大，笑容卻越來越少。每一天都忙忙碌碌，每一刻都不得停歇，可是仔細想一想，每一天，我們究竟做了些什麼呢？似乎又好像並沒做什麼……

那麼，我們的時間都去哪了？我們的精力又都花在了哪裡？

答案其實很簡單。如果我們仔細觀察自己的每一天，就不難得出結論：幾乎每一天，我們都將大把大把的時間、大把大把的精力，花在了幾門「選修課」上。

選修課之一 —— 群遊：看看幾十個群組裡的人都說了些什麼，有需要的還得回覆，聊幾個幾句。這些群組，可能既有學術討論的，也有聊工作談合作的，當然還有交流情感，或是純粹閒聊的。

選修課之二 —— 社群遊：翻閱朋友社群的文章，看看社群裡的人都幹了些什麼，都在關注什麼，看看身邊的人都在忙什麼。關鍵還得打卡簽到 —— 點讚評論，因為有些讚得點，有些態度得表，這是為了告訴別人「我在關注你，我是挺你的」、「我在這裡，別忘了我」、「記得也支持我啊」。

選修課之三 —— 神遊：正看著檔案，電話響了，接聽，思路被中斷了，3 分鐘後掛上電話，再用不知多久的時間，回到剛才的思維狀態；正寫著草稿，資訊來了，檢視，思路被中斷，30 秒後關上手機，再用不知多久的時間，回到剛才的思維狀態上；還有文章一開頭的情境，正在處理一件目標事物時，被另一個目標事物吸引，可能還有第二次、第三次這樣的轉移。

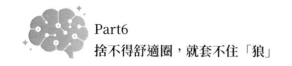

這些「選修課」每一門每一天猜想要上 10 次以上，每一次要用十幾到幾十分鐘不等，平均下來，每個人每一天上這幾門選修課的時長大約在 2 小時至 5 小時左右，甚至更長。並且因為這幾門選修課在安排上穩定性和規律性比較強，所以它貌似「在野」，實則早就喧賓奪主了，成了我們生活的主軸。

有沒有感覺自己越來越難集中注意力？漸漸發現，日子一天天過下來，年輪在疊加，體驗在豐富，感受卻越來越淺薄，手上的事情似乎永遠也做不完，想做的事情卻總排不上立即開工的清單，我們的心理資本正一天天貶值，人也變得易急、易怒、易低落。

這一切，其實都是專注力在搞鬼！

專注力，又稱注意力，是指一個人專心於某一事物或活動時的心理狀態；是大腦進行感知、記憶、思維等認識活動的基本條件。

專注力究竟有多重要呢？無數大師、大德、成功者早已透過言行告訴了我們：法國生物學家喬治·居維葉（Georges Cuvier）說：「天才，首先是注意力。」教育學家蒙特梭利（Maria Montessori）說：「人類最好的學習方式就是在幼兒階段，就培養聚精會神的學習態度與學習方法。」創立了聯結主義學派的桑代克（E. L. Thorndike）透過研究動物行為得出觀點：人生就是一個不斷學習和累積經驗的過程，學習就是嘗試錯誤和偶然成功形成聯結，人是這一切聯結的總和。梁漱溟先生說：「不敷衍、不遲疑、不搖擺，認真地聚焦於當下的事情，自覺而專注的投入。」

我們從呱呱墜地起就在接觸外界、學習生存和生活，在接觸和學習的過程中，專注力就像守門人，一般情況下，如果我們通往外界的門開得越大，學到的東西就越多，而守門人把關越嚴格，我們就越能取其精華，去其糟粕。

古往今來，凡是集大成者，幾乎都做到了「專注」二字。王羲之練字入迷，因為過於專注，把墨汁當醬汁吃了；牛頓（Isaac Newton）研究入迷，因為過於專注，把手錶當成雞蛋扔進了鍋裡；陳景潤思考入迷，因為過於專注，撞了樹還連聲道歉；世人只知孔子是有名的思想家、政治家，教出了許多優秀的學生，但對孔子的為人卻並不了解，曾經有人向子路打聽，子路曰：「其為人也，發憤忘食，樂以忘憂，不知老之將至。」孔子的專注狀態成為了美談，就有了「廢寢忘食」這個詞。

說到這裡，可能有人會爭辯：「我也很專注啊，專注打遊戲，專注追電視劇，專注社交網路……因為過於專注，常常忘記了預約好的安排，忘了剛才打算做的事，找了一圈發現要找的東西就在手上握著……」可這分明是注意力渙散、心不在焉，哪是什麼專注呢。

可能還有人會說：「每件事都很重要，只要我願意，我可以同時處理、駕馭它們，過上有規律的生活，達到工作與生活之間的平衡，獲得成功。」這個觀念看似真切，其實只是謊言。事實是，我們的精力有限，我們大腦的資訊加工通道有限，千萬不要高估人類可以具有兼得魚與熊掌的能耐，同時，如果想要成為某個領域的專家，想要獲得成就和成功，就必須要在這個領域至少錘鍊 10,000 個小時，也就是著名的一萬小時定律，約 5 年的時間，並且，這至少 5 年的時間裡，需要保持專注，保持高效。

毫不誇張地說，專注是成功路上的必備能力。通常也正是因為缺乏專注，因為總是能輕易被環境中的各種嘈雜影響左右，所以芸芸眾生在獲得成就的這條路上，大部分的步伐總是緩慢。

值得慶幸的是，專注力不是與生俱來的，而是可以後天訓練的。那麼，培養專注力，我們又該怎樣做呢？

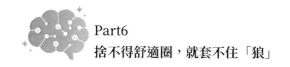
腦科學解讀：我該怎樣提升自己的專注力？

要找到提升自己專注力的方法，首先要弄清楚，我們怎麼就不專注了？

成就一件事，必須專注投入，需要注意力高度集中。而一提到專注，大多數人第一時間聯想到的便是苦和難。

這是因為，在我們的文化中，凡是跟認真、努力搭上關聯的詞句，比如刻苦打拚、學海無涯苦作舟、頭懸梁錐刺股等，都是「苦」的、艱辛的、不易的。我們從小接受的便是「學習須刻苦」的教育，我們從小被灌輸的便是「不經一番寒徹骨，哪得梅花撲鼻香」、「吃得苦中苦方為人上人」的思想。

這些生搬硬套的哲學毒雞湯，影響了一代又一代人，它讓我們相信：熬夜做實驗是可貴的精神，熬夜下棋打牌就是玩物喪志。而問題的關鍵就在於，沒有幾個人能像愛迪生（Thomas Edison），在做了 1,600 多次試驗後終於一舉翻盤；而熬夜下棋打牌的人中，也出了不少國際大師。

所以，專注其實並不等同於「苦」，專注本身可以是一個非常快樂的過程。如果我們錯誤地把專注認真和吃苦煎熬畫上了等號，專注認真就意味著要孜孜不倦和孤獨枯燥奮鬥，還不知何時能取得成績和回報，在這樣的路漫漫其修遠兮中，人專注的熱情真是會降溫，甚至整個人都可能會動搖、低落，甚至頹廢。

從本質上來說，人性就是趨利避害的，每個人都期望能用盡可能微小的付出，獲取盡可能大的回報。所以，即便在表層意識裡，我們知道專注認真的必要性，但在我們的潛意識裡，因為怕吃苦，我們也會抗拒專注、付出、認真和努力。這種心理對應到行為上，便是我們貌似在一目十行，實則頭腦中想的是下了班去哪裡快活。

　　表層意識和潛意識的不一致引發的情緒問題很常見，一個遭遇情變被劈腿的人，即使表層意識放在專心工作上，也會毫無緣由地突然想起負心人或插足者，然後工作思維中斷，開始神傷甚至失態；一個焦慮、緊張、恐懼某件事的人在做其他事時，也會被突如其來的焦慮、緊張和恐懼打斷。

　　潛意識的抗拒和反叛會在不知不覺中干擾我們的注意力，讓我們的注意力輕而易舉被轉移。所以，當做著簡報，我們可能會自然而然側身對著鏡子照看起眼角的細紋；當看書的時候，我們可能隨手就拿起手機開啟了社交軟體，然後滑著滑著又被推送的球賽資訊圖文給帶走了。

　　總之，我們的表層意識志在修煉取經，我們的潛意識卻想得過且過，為此，它們經常打架。受到了潛意識的影響，表層意識就會被干擾，從而影響專注力，降低了我們的工作效率。只有當我們能做到保持潛意識和表層意識的基本一致，我們才能讓大腦高速運轉起來，才會進入高度專注的狀態。換言之，高度專注是一種知行合一的狀態，它能讓我們在不知不覺中好好利用時間。

　　弄清楚了這些，再來解決如何提升自己專注力的問題就十分簡單了。一般來說，要想提高自己的專注力，我們可以從以下三點著手：

1. 樹立合理認知，即弄明白專注認真不等於吃苦煎熬，專注認真可以是一個快樂的過程。
2. 找到真正熱愛的目標和事業，確定方向。
3. 調整「狀態」，專注的狀態等不來，要自己創造，如果想好好閱讀，請坐到書桌旁或走進圖書館，如果想鍛鍊減肥，就請走進健身房。

　　總之，去做，就會有狀態，去做，就對了。

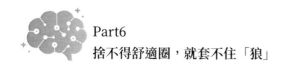

6.3
你怕的不是失敗，而是怕無法面對失敗的自己

　　小豐在機緣巧合下認識了個女孩，彼此很聊得來，都有想進一步發展的意思，然而女孩有諸多顧慮似的，於是兩個人就那麼曖昧著。

　　後來女孩終於下定決心，要結束不清不楚的關係，但不是確認情侶關係，女孩說她很不捨，她也很喜歡被疼愛的感覺，可是她還是只能說抱歉，因為她怕，怕即便在一起了也不會長久，她害怕小豐會變心，也害怕自己會變心。

　　小豐自然很難過，他不明白，兩個人並不是一定要以結婚為目的，他也願意慢慢來，可是為什麼女孩不肯相信自己、不肯相信他，甚至連試一試的機會都不給。他不明白女孩究竟在害怕什麼。

　　其實，女孩的表現代表了許多人的處事態度。因為怕受傷、怕失望，所以想愛而不敢愛，想要而不敢要，猶豫躊躇，不敢開始。

　　在現實生活中，這種想愛而不敢愛，想要而不敢要，不僅讓別人覺得很難捉摸，就連他們自己也往往摸不清自己。這樣的人在愛情裡的表現，不外乎有兩種：要麼還沒開始就選擇放棄了；要麼愛得投入，歇斯底里，不給對方留空間，也不給自己留空間，把握不好親密關係中的距離，斷了自己的退路。

　　問題是，他們真的不想好好相愛嗎？想愛而不敢愛、想愛而不好好去愛，他們害怕的究竟是什麼？除了情場，在生活中，許多人也是如此，具體表現便是「想做而不敢做、想做而不好好去做」。面對為自己設定的目標，

或者是自己特別想做的事情，他們總是遲遲不肯行動，對，表現之一就是拖延，拖到不能再拖了，才做出最終決定：要麼乾脆放棄，要麼潦草完成。

比如，老師指定的論文，遲遲不去查詢數據，直到只剩下最後一週了，才迫不得已去圖書館臨時抱佛腳，一邊啃書，一邊後悔「真應該早點開始」；老闆安排的專案企劃，遲遲不去準備，總是對自己說「再緩緩吧」，直到時間所緊迫，緩不下去了，才迫不得已動手操作，一邊通宵達旦趕進度，一邊在埋怨自己：「之前在做什麼！」

然而，因為前面浪費了太多時間，即便再努力，也還是會影響進度和品質，最後不得不潦草交差後，免不得被老師或主管檢討一頓，甚至落得個案子不及格、提案不通過的下場。這時候，他們就會在心裡責怪自己不爭氣、不上進，並且在心裡默默想：「如果時間時間再充足一點，結果肯定就不會如此這般了。」

換言之，他們並不是真的不想做好，也不是真的不想上進、不想爭氣。在他們的內心深處，其實並不想拖延，更不想敷衍。那麼，他們為什麼會言行不一致，為什麼就會表現出拖延和敷衍呢？這些拖延和敷衍背後，他們是不是在害怕什麼呢？

腦科學解讀：我怕的究竟是什麼？

要弄清楚這個問題，我們不妨先將自己置身於小時候的情境。

回想一下，在童年時代，你的父母，或者你身邊的親人、老師，是不是也曾和你說過類似的話：「你學學老張家的孩子，人家多好」、「你不能輸在起跑線上，我們丟不起那臉」、「考不好就別回來見我了」、「你學不好我就把你送走，讓你自己混去」、「你不能輸，你必須贏，你是最棒的！」……

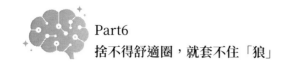

Part6
捨不得舒適圈，就套不住「狼」

事實上，這些言語或者觀念容易讓人從小形成這樣一種認知：我必須比別人優秀，輸是可恥的；我事事都要表現出色，否則就不可饒恕。在這種認知的支配下，人會將成功當成生活的必需品，並且無法接受自己的不成功，無法接受失敗。

可這世界上哪有隨你想便可得的成功呢？哪會有人能處處成功面面優秀毫無缺點不會失敗呢？在生活中，沒有人能永遠出色成功，一定會有人在某一方面強於我們，我們也一定會在某一方面有所長。

小時候，父母會對我們說：「你是最棒的！」這樣的鼓勵奠定了一個人最早期的自信建立，但有些人意識不到的是，當自己的父母這麼說的時候，別人的父母也在這樣教育他們。這便導致了一些人的認知和現實出現了偏差：過於以自我為中心，以為自己就該是最棒的，一旦發現現實中自己不是最棒的，情緒就出現異常了。

成長過程中，當發覺「我其實不總是最棒的！」這個事實真相，比如，當你在數理資優班發現你無論怎麼努力，成績都比不上隔壁桌李雷，當在參加演講比賽時，發現其實你的演講技巧真的較為普通，內心就會受挫。而這時候，就有人會本能地將自己不夠優秀這事當成敵人，將自己的精力、心力和自信、自尊當成子彈，企圖用這些子彈去打倒這個敵人，以此來證明自己依舊是最優秀的。

然而，這個過程中，人往往是戰戰兢兢的，會擔心打不倒這個敵人，擔心自己會失敗，並且，越是擔心，就越容易自亂陣腳，越想成功，就越害怕失敗。於是，害怕著、害怕著，就開始躲避，就會臨陣脫逃，天真的以為只要對這些事視而不見或靠躲避，就可以避免一切的不夠出色不夠成功以及一切可能出現的失敗，就可以維持那個「最成功最優秀的自己」的存在。

　　換言之，在做某一件事情的時候，如果出現了拖延、敷衍、抗拒這樣的消極情緒，很可能並不是真的就甘居人後，不想做好、不想上進，相反，是太想優秀、太想出色、太想成功了。也就是，我們並不是真的害怕失敗，而是害怕無法成為那個理想中的自己，害怕承認自己的不夠優秀，害怕面對那個失敗後的自己。

　　就像惡性循環一樣，這種抗拒自己抗拒現實的想法，對自己的殺傷力特別大，一旦有了這樣的想法，當我們在做某一件事的時候，就會不由自主地逃避，越逃避，就越是做不好。比起這種惡性循環帶來的負面影響，承認現實、接受現實、坦然面對失敗，才是對我們最有利的。

　　比如，勇敢承認自己的思維邏輯並不是最縝密的，坦然接受就是會有同事能做出更優秀的企劃案，並且堅定相信這些事情並不會讓我們的世界黯淡無光，當接受現實、相信自己，我們才能帶著一顆平常心做事處事，自然不會逃避，也不會拖泥帶水、草率從事。

　　就像跑步比賽，如果一開始只抱著必贏的想法，就更會怕輸怕失敗，就容易分心。當我們心裡眼裡只有目的地，在意是否盡力而為，而不去想輸贏的事，那自是能心無旁騖。這之後，如果你能和我一樣，體會到盡力而為是一種酣暢淋漓的美妙感受，記得告訴我。

Part6
捨不得舒適圈，就套不住「狼」

6.4
不想幹了？這次你真的想清楚了？

Tommy 告訴我他不想幹了，他說：「在這裡做得沒意思，老闆是個自私又無能的傢伙。」

慧慧 5 年時間換了 4 份工作，她說：「總是遇到小人，總是被陷害，總是被謠言中傷，不行就拉倒，不幹了，有什麼了不起的。」

就像人們在數十年的婚姻關係中平均會有 200 次想離婚的想法和 50 次想掐死對方的衝動一樣，在職場奮鬥的我們，也時不時會因為感覺委屈而產生「不想幹了」的想法。

據調查，目前，職場上有超過三成的人都對自己所處的狀態感覺不滿意。

小張說，每天早上一睜開眼睛，腦子裡閃過的第一個念頭就是：啊，痛苦的一天又開始了！磨磨蹭蹭地盥洗之後，去每天都光顧的早餐店吃早餐，然後擠著沙丁魚罐頭一樣的捷運，極不情願地到公司，無精打彩開始一天的工作。好不容易熬到下班，便是一天中情緒最高漲的時候了。現實生活中，和小張有同樣情緒體驗的人不少，他們通常會認為工作是一件辛苦的事。這樣的工作狀態，大概沒有誰願意體驗幾十年，大概也沒有任何老闆願意看到。

小張的同事小吳，三天兩頭遲到早退，卻拿著和小張一樣多的薪水，對比起小吳，小張對工作倒已是相當用心、相當勤勞，可到頭來，小張既沒得到老闆的賞識，也沒有加薪升遷的份，小張便開始抱怨公司管理混

228

亂，抱怨老闆不體察基層，抱怨自己懷才不遇，抱怨到最後，便生出了「我不想幹了」的想法。

可是這樣的小張，即便辭職找到了新東家，就能夠生龍活虎順風順水了嗎？

還記得「世界那麼大，我想去看看」吧，那位女老師留下這十個字，然後辭職了。現實生活中能像這樣瀟灑辭職的人少之又少。對於大多數人，他們的「我不想幹了」都只是想想罷了，其實都在「我如果不辭職，在這樣的氛圍中，我會鬱悶死的⋯⋯」和「我如果辭職了，這些年我在這裡做的努力豈不白費了⋯⋯」的思想裡徘徊著，最終把時間精力都耗在了「糾結」上。

腦科學解讀：不想幹了，該怎麼辦？

在現實的生活中，很多人之所以會出現「我不想幹了」的念頭，除了家庭問題、求學問題、健康問題外，原因不外乎又以下幾點：

第一、薪水薪資不理想

薪水薪資往往是職場人最在乎的。在馬斯洛的需求理論中，較高層次的感情需要、尊重需要和自我實現需要的實現前提是生理和安全需要的滿足。運用到職場上，員工思考自我價值的展現和團結奮進追求卓越品質，往往也是以吃飽、穿暖、居有定所為前提的。

試想一下，如果一個打工者獲得的報酬僅能勉強度日，連像樣的房子都租不起，他真能做到為追求集體效益最大化而捨棄小我、鞠躬盡瘁嗎？

薪水薪資是一個人擇業就業的重要因素。身在職場，人人都渴望得到高薪資。然而，我們所獲得的薪資和我們為企業所做的貢獻，往往是成正

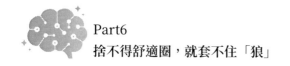
比的。所以，當我們因為薪資不理想而生出「我不想幹了」的念頭時，其實也應該衡量一下我們為企業的付出、創造的效益、自己的價值、自己的重要性及可替代性。

如果我們發現跟同行業、同條件的職場人相比，自己的收入確實不理想，並且確實具備條件、能力和自信，那自然可以另謀高就。反之，則需要慎重思考。

說到這裡，不妨先來看看這幾個數據：2018 年，八年級中段班應屆大學畢業生的期望薪資平均是 3 萬元左右，其中有 4 成的畢業生對月薪的期望超過 4 萬元，有 1 成超過 5 萬元，可是統計發現八年級中段班應屆畢業生的實際薪資平均值是 2 萬 7 千元左右。

這組數據告訴我們，通常，理想與現實是存在一定差距的。也就是說，當我們感覺對薪資不滿意了，除了要與同資歷、同行業的人作對比，更重要的是，我們還需要反思自己，看一看我們的心理預期和自我期望是不是太高了。

第二、不受重視，懷才不遇

一個人在職場上的不受重視，既有環境因素，比如別人的能力條件比你更突出更優秀、老闆用人唯親不唯賢、上級沒有發現你的優勢、同事看你不順眼等，也有主觀因素，比如高估自己的能力，包括理解力、記憶力、執行力等。

舉個極簡單的例子，按壓式圓珠筆是生活中再尋常不過的東西了，每一個人都對它非常熟悉，但如果要你描述一下它的工作原理，越詳細越好，比如：它是如何實現按壓功能的，它由幾個部分組成，如何發揮作用的等等，又有多少認為自己熟悉它的人能自信地給出準確描述呢？

美國的腦科學專家提出了「解釋性深度錯覺」的概念，說的就是這麼回事。所謂的「解釋性深度錯覺」，指的是人們經常處於一種錯覺中，認為自己擁有知識，認為自己是懂得的，認為自己具備一定的能力，而事實上，人們實際的能力往往比其認為自己具備的能力要弱得多。

心理學家做過這樣一個實驗：向測試者展示一幅圖，圖裡是一輛不完整的、沒有鏈條和踏板的單車，實驗要求測試者分別在圖上畫上單車鏈子、單車踏板、單車骨架等等，把單車補畫完整。

令人出乎意料的是，實驗結果顯示，有將近一半的人都無法準確補全圖片。

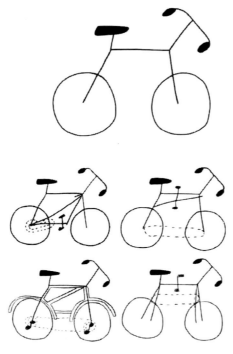

圖 參與實驗的被試補全的圖畫

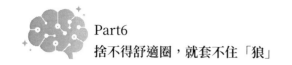

人們都認為單車是生活中再尋常不過的一種交通工具，提起單車，大部分人腦海中會出現一系列關於單車的訊息，例如：腳踏板、手把、車輪（不同的部位）；兩輪、三輪、帶儲物籃、帶兒童椅（不同的外形）；共享的、專業的、普通的、變速的（不同的類別）；品牌、顏色等等，這些資訊都是外顯的、直觀的，可關於它的工作原理、零件、機械運動等資訊，一般人並不知曉。

大腦是會「偷懶」的，這些已有的、大量的直觀資訊就會讓大腦以為自己對於單車是「熟悉」的，於是讓人形成了認知錯覺。這個實驗告訴我們：大多數時候，我們其實高估了自己。或者說，我們其實並不是真正了解和懂得，只是熟悉而已。

回想一下，在生活中，當你讀完一本書一週後、一個月後，你還能記住書中的多少具體內容呢？怕是很多人在應對這個問題時會張口結舌了。也許，你記得的是某個雨後的下午，你在沙發上讀過它，你記得你在上班的捷運裡差點弄丟它，你記得這本書的內容很充實、裡面有一幅插畫很漂亮，你記得它的封面已經被你翻折了，你還記得你最初看不太下去，看是越看越覺得有趣……你也會記得幾處情節描述，但對於更多的內容細節，你記得並不太清。

我們的大腦對讀一本書尚且如此，更別提十年寒窗苦讀了。也就是說，即便我們花費了再多的時間學習、報名再多的培訓課、考取再多的技能證書，如果大腦沒有經過深度加工，沒有實踐配合著理論形成經驗，那麼我們所謂的「具備的能力」就不過是一種情境記憶、是一種「熟悉」、是一種自以為懂得的認知錯覺。

而這錯覺，足以影響我們的自我認知，以及我們繼續學習和進步提升的能力。

　　所以，在職場上，若是認為自己不受重視、不受肯定、懷才不遇，那麼你得先弄清楚：你足夠了解自己的能力和特長嗎？你為什麼要選擇這份工作？你足夠了解這個職位的職能職責嗎？你足夠了解這個行業的規則規範嗎？你認為自己適合什麼樣的位置和待遇，為什麼？

　　當你解決了以上的問題後，你還需要再問問自己：是否曾經嘗試積極爭取表現了？如果答案是否定的，那麼別再耗時間惋惜自己的懷才不遇，更應該做的，是抓緊時間爭取和抓住展現能力才華的機會。

第三、主管或部門的管理有問題

　　每一位領導者都有自己的處事和用人習慣，每一個部門也有自己的規章制度和團隊氛圍。與其抱怨上級或制度，不如先認真想想：

　　你是否真正適應並融入環境了？

　　你和同事是否還缺乏足夠的高效溝通？

　　你看不慣的人事是不是也是同事看不慣的？

　　如果你和同事都對同樣的人事感覺難以忍受，那麼為何你有「不想幹了」的想法而別人沒有？

　　當你踏出「決定不幹了」這一步，同樣處境下的同事為何沒有？

　　你最初接受這份工作，你的目標是什麼？

　　你認為自己具備什麼特質，優缺點各是什麼？

　　你的職業規劃是什麼樣的？

　　……

　　透過這些問題，你可以進一步弄清楚，你之所以「不想幹了」，究竟是你自己的問題，還是主管或部門的管理有問題。

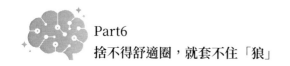

第四、遭遇了不公平

人在遭遇了不公平後，就會產生不平衡感。這個「平衡」的衡字，在古文中解釋為秤桿，即秤的一部分。最早，秤指的是衡量輕重的器具，比如砝碼、秤砣，要測量東西的時候，增加或減少砝碼，達到秤桿的平衡，就能得出測量結果。可在生活中、在職場中，公平又是什麼呢？要達到絕對的公平，我們是應該增加砝碼，還是減少砝碼呢？

通常情況下，一個人之所以會控訴世道不公，不外乎是因為他沒得到或得的比別人少了，他感覺失落了、鬱悶了、委屈了。問題是，如果人人都認為別人比自己多得了就是不公平，人人都秉承這樣的公平標準，那可想而知世界會變得很混亂。

這個世界不可能存在絕對的公平，只有相對的公平。所以，當你因為自己遭遇了不公平而生出「不想幹了」的想法，除了努力調節自己，就只有更努力地爭取下一次公平了。

職場既是辦公的地方，就需要創造效益和價值，職場不是情感的抒發口，更不是情感的寄託地，所以，職場中不必期待有更多的情感回報。那麼，當身處職場中的我們，因種種原因產生了「我不想幹了」的想法，又該怎麼辦呢？

以上列舉了一些會促使我們產生「我不想幹了」這個想法的理由。通常，當我們萌生這樣的念頭，內心通常會產生兩種糾結，一是「硬著頭皮幹下去吧，幹得不開心啊！」；二是「那就離開吧，可又不甘心啊！」那麼此時，該怎麼辦呢？

有過這樣一個實驗：第一組測試者被告知可以得到 50 塊錢，但有兩個選擇，一是隨機賭一把，有 40% 的機率可以拿走這 50 塊，但是有 60% 的機率一分錢也拿不到；二是選擇不賭，可以直接拿走 20 塊。實驗結果

是大多數人選擇了不賭，直接拿走 20 塊，只有 42% 的人願意賭一把。

而在第二組實驗中，選項二「選擇不賭，可以直接拿走 20 塊」這個說法被調整成了「選擇不賭，那麼你會直接損失 30 塊，只能拿走 20 塊」，結果是，明明第一組第二組面對一樣的情境，卻因為說法的微微調整，第二組中選擇冒險賭一把的人的比例就變成了 62%。

這類實驗告訴我們，人天生就對損失更敏感，天性就更討厭損失。心理學上有個概念叫損失厭惡，指的是當人們面對同樣數量的收益和損失時，通常會認為損失更令他們自己難以忍受。

再來看一個更生活化的案例：兩個服務生分別要秤一磅水果糖，A 服務員採用的辦法是先抓一大把放到秤上，再看著重量讀數：「呀，多了多了！」然後一點一點的往外抓，直到重量降到一磅為止；B 服務生則是先抓了一小把放到秤上，發現還不夠重，於是抓一點再抓一點，一點一點往裡添，直到添夠了一磅為止。試想，若你是顧客，對於這兩位服務生的做法，你會有什麼不同的感受呢？

事實上，一個有一定情商，稍微懂點人情世故，懂點心理學的服務業者，都不會選擇 A 服務員的做法。因為和 B 服務員的做法相比，A 服務員的做法顯然不能帶給客戶美好的購物體驗。一個感覺是往你口袋裡加東西，一個則像是從你口袋裡往外掏東西，這自然造成不同的心理感受，體驗上的差距可想而知。

說白了，人害怕損失，其實是害怕體驗負面感受。也正是基於此，人們通常會花更多的時間和精力去規避風險，並且更擔心失去後所要蒙受的損失。

再回到「幹還是不幹」這件事上。當我們在糾結「幹還是不幹」的時候，我們之所以遲遲不動，其實是因為一旦涉及選擇，就必然會有捨有

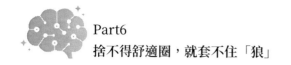

得，而那些已經經歷的、已經付出的、已經擁有的，如果要放棄，就意味著要承擔失去的風險，甚至可能是巨大的風險。說白了，我們是害怕因為決策失誤而承擔損失，害怕一旦狠下心說不幹就不幹了，新環境、新東家還不如之前，而到了那時候，以前的又都付之流水了。

然而，當我們遲遲不動的時候，內心卻又常是漂浮不定的。因為念頭一旦產生，我們心心念念的理想和公平，我們想像中的優越感和滿足感，就會在不遠處朝我們招手。

在糾結的時候，有的人會說：「我這是慎重！我必須要好好考慮、好好斟酌，這關於我的人生發展，這難道不應該嗎？」不可否認，慎重當然很重要，畢竟小心駛得萬年船。但如果你時常糾結，隔三差五就要因為幹還是不幹的問題「審視」一番，那你大概已經處於職場焦慮了，這個時候，如果再拖下去，就會作繭自縛、傷害自己。

所以，當一旦產生了「我不想幹了」的想法，最好的解決方法就是想清楚不想繼續幹下去的原因，找到問題的根源，確定自己的職業規劃和發展目標，然後當斷則斷，盡快決斷。

須知，如果我們循環往復，不斷的來回拉扯、不斷地糾結難斷，那麼最終受傷害、受損失的，還是我們自己。而且，若是根源問題沒有解決，即便你辭了 N 回職、換了 N 份工作，你依然會存有一樣的糾結和困惑，到了第 N ＋ 1 次，你可能還會想「我不想幹了！」

Part7

「愛得正好」，助你一臂之力

　　生活中，許多人總是被「情」所困，可能是愛情、可能是親情，也可能是友情。一個人的精力有限，如果因為感情的羈絆而花費太多心力，那麼用在工作上的專注力就勢必會減少。梳理情感，洞察各種關係背後的心理學腦科學，才能為我們的職業生涯免去後顧之憂。

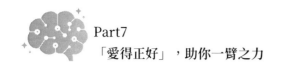

7.1
為什麼「妻不如妾，妾不如偷」？

得到了卻不知足，吃著碗裡的還盯著鍋裡的，這是許多人普遍存在的一種心理。

當然，如果這種心理，僅僅只是隱藏於我們內心的某個封閉角落，倒也無可非議無傷大雅。問題是，總是有那麼一些人，非要讓這種情緒照進現實，於是上演了一幕又一幕狗血劇：某地海關關員就被妻子舉報，婚內偷偷摸摸出軌約 20 名女性；亞倫在聚會上認識了個網紅，趁著酒醉把人帶回家，女友出差提前回來撞個正著；凌子和初戀幽會的時候被丈夫逮個正著；曹雪芹在《紅樓夢》中寫到：「賈璉見了平兒，越發顧不得了」……

都說這是一個離婚率一再攀升的年代。其實，如果我們認真分析一下就會發現，如今，在導致離婚的諸多原因中，移情別戀、劈腿和出軌占據了重要比例。毫不誇張地說，從古至今，出軌和劈腿，始終是橫插在婚姻和愛情中的一把利劍，它將原本溫馨的二人世界，劈成擁擠的三人空間，它刺傷了無數人的心，也撕開了婚姻殘忍的另一面。

有意思的是，男人和女人在面對出軌的另一半時，通常會表現出不同的態度。

比如，面對出軌的男人，大部分的女人都會選擇原諒，懷著「只要他能回家，我就睜一隻眼閉一隻眼」的想法，低下頭繼續過日子，當然，也有一部分女人，會抓住男人怕麻煩又好面子的特點，透過「一哭二鬧三上吊」來震懾男人躁動的心，讓男人回歸家庭。

而面對出軌的女人，男人通常不會輕易原諒。因為受到自尊心的影響，他們通常非常抗拒帶綠帽子這件事，所以當他們在面對出軌的愛人時，一般會當機立斷的選擇離去。

為什麼會有這種差異呢？原因主要有兩點。

一是這個社會對於男人出軌和女人出軌的包容度不同。當一個男人出軌之後，人們往往會勸解那些因為被出軌而受到傷害的女人：「算了吧，男人啊，知錯能改就好，為了家庭和孩子忍忍吧。」而當一個女人出軌後，他們的說辭卻變成了：「紅杏出牆這種事都做得出來，真不要臉。」

二是從生物性角度來看，男人的生育成本要遠遠低於女人。男人通常不用承受從受精卵形成那刻起，體內各項激素突變所導致的一系列長達數年的生理心理的變化和壓力，不需要懷胎十月，不需要經歷鬼門關走一遭般的分娩過程，也不需要哺乳，這個角度看，男人的婚姻成本更低，捨棄的成本也低。

除此之外，男人和女人的出軌動機也不相同。

我們都知道，男人和女人是有差異的，這種差異，展現在生理構造上，也展現在大腦執行上。這些差異導致了男人和女人在現實生活中的不一樣，比如對待對方出軌這事，男人會更難以接受，這也有激素的作用，比如男性體內比女性多的睪酮，就致使男人在面對不信任事件時更容易有激烈反應和攻擊行為。男女的差異不僅展現在思維方式、溝通能力、行為表現上，也展現在性愛體驗，包括出軌動機上。

從生物學的角度來說，為了繁衍需求，保證自己的基因傳承，雄性會盡可能多尋求交配對象，這是動物的繁衍本能。所以，從某種程度來說，男性出軌的「偷」，其實受了生物本能的驅動，而不是因為受到了他們的情感狀態或者伴侶狀態的影響。換言之，雖說像蘇格拉底一樣娶了悍妻的或是娶了醜妻的人未必一定會偷，而娶了冰雪聰明、賢良淑德、貌美嬌妻

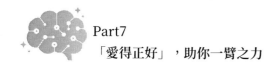

的人，也未必不會偷。趙佶貴為一國之君，放著後宮佳麗三千不理，卻偏要偷溜出去和李師師纏綿，這是一個經典的證明。

而女人出軌，往往是因為在婚姻中過得並不幸福。女人和男人比起來，更細膩也更感性。在婚姻和愛情裡，女人更希望得到的是傾聽、包容、體貼以及甜言蜜語。

男女不同的社會責任和角色分工，使大部分男人更注重事業。因為要「修身齊家治國平天下」，婚後，男人通常會更關注事業，這便造成了男人的情感濃度，會隨著時間的推移而變得越來越淡。於是，他們無法再滿足女人對浪漫的需求，也無法再給予女人更多的愛和關注。在這種情況下，女人容易產生失落感，當遇到了更貼心的第三者後，就容易心動。有調查顯示，許多女人婚後都對婚姻中的親密關係不滿。在一些大城市，女人提出離婚的比例還會高於男人。

不過，不管是男人的出軌，還是女人的出軌，究其本質，其實都離不開一個「偷」字，正如馮夢龍在談論出軌時寫道的：「妻不如妾，妾不如婢，婢不如妓，妓不如偷，偷得著不如偷不著。」

問題是，為什麼「妻不如妾，妾不如偷」呢？

為什麼越是容易得到卻越不在乎呢？

為什麼越得不到的越想要呢？

要弄清楚這背後的玄機，恐怕還是要藉助腦科學。

腦科學解讀：為什麼妻不如妾，妾不如偷？

在詞典中，偷的意思是「瞞著別人的竊取」。可以確定的一點是，大多數人之所以會產生一種「妻不如妾，妾不如偷」的心理，並最終付諸「偷」的行動，最關鍵的因素還是在這個「偷」字上，原因如下：

第一、「偷」是刺激的，能激發腦內啡

科學家研究發現。「偷」這一行能夠促使我們的大腦產生一種類似嗎啡的物質 —— 腦內啡。像多巴胺一樣，腦內啡也是一種「愉悅激素」，它非常神奇，能讓我們的大腦相信我們正在做的事情非常美好，並且讓我們感覺舒服，從而導致我們的成癮行為。

第二、「偷」源自於人們的「完成欲」

許多人之所以會「偷」，其實並非因為他們所擁有的不夠好，而是出於一種好奇心和獵奇心，以及一種本能的「完成欲」。

蔡加尼克效應（Zeigarnik effect）告訴我們，人天生就有一種「完成欲」。而所謂的「完成欲」，用通俗的話來說就是，在我們的內心，都有一種想要滿足自己需求的欲望，一旦當這種欲望沒有得到滿足、當事情沒有處理完畢，我們就會產生一種相對強烈的渴求情緒。換言之，對於我們而言，未完成、未處理的事情往往會比已完成、已處理的事情產生更深刻的印象。

將蔡加尼克效應運用到感情上面就是：得不到的更讓人念念不忘。《詩經·關雎》裡寫到：「窈窕淑女，寤寐求之。求之不得，寤寐思服。」這「夢寐以求」，說的其實就是這個道理。

第三、「偷」受制於個人的內心因素

胡因夢在談到出軌時曾這樣說道：「這個人的反叛其實是在叛逆自己的制約，他想透過婚外情來打破自我設限的牢籠。」自然，「偷」除了受蔡加尼克效應的影響，還取決於個人的成長和自我認知；偷不僅僅是一種生理欲望的釋放，更是一個由內心因素生出需求、並向外尋求滿足的過程。

通常，這種內心因素又可以分為兩種：

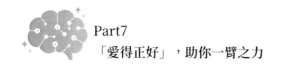

1. 虛榮心

　　虛榮心人人都有，喜歡美好的事情、喜歡傾聽別人的讚美、喜歡得到別人的讚美是人的天性。然而，當一個人的自我效能感不夠高時，面對別人的讚美崇拜，就容易高估自己、自我膨脹。於是，在這種情緒的支配下，就會認為原本的另一半配不上自己或者跟不上自己的節奏，並且產生一種不甘心的感覺，從而出軌。所謂的「棄糟糠」，便是這麼回事。

　　還有一種源自對物質的虛榮，貪戀財、物，當自己的另一半無法滿足自己，而剛好身邊有合適的對象，並且又有「偷」的機會時，就產生了「偷」的念頭。

2. 內心缺失

　　如果一個人在小時候遭遇過一些情感缺失，在社會化的過程中，他探尋世界和探尋自我的欲望就有可能被修剪掉。當他成年後，在扮演各種角色、肩負各種擔子的過程中，他可能會突然意識到自我意識的重要性，於是「偷」就成了他彌補內心某種缺失的一種方式。

　　而且，在這種心理狀態下，當他們「偷」了之後，可能會打出「追求自由和真愛」的旗號，事實上，他們並不是真的在崇尚愛情和自由，他們只是在進行心理補償。

　　總之，「偷」的理由有千千萬萬，但不管是哪一種理由導致的「偷」，其實都是一種自我放縱，都不值得提倡，也都會有風險，這種風險可能是東窗事發後的情感破裂和家庭破碎，也可能是道德上被譴責和法庭上的審判。

　　老九一直是個好丈夫好爸爸，一次出差認識了一個女孩，軟硬兼施下「得到」了她，到出差結束了新鮮刺激感也過了，他隨手刪掉了對方的連

繫方式，可沒想到人家偷偷記下了他的個人資訊還找上門來，結果家裡全亂了。

你看，這便是「偷」的後果！

那麼，我們應該如何約束自己不去「偷」呢？說到這裡，我想先給大家講一個故事：

有一天，柏拉圖（Plato）問老師蘇格拉底：「什麼是愛情？」

蘇格拉底讓柏拉圖去麥田裡尋找一株最大最好的麥穗，但只能摘一次，也只能往前走，不能回頭。柏拉圖過了很久才空手回來。他說：「我以為這不難，我滿懷信心去了，每每看到還不錯的都想摘，可又感覺前面還有更好的，誰知並沒有，我越走越覺得不甘心，我相信會還有不錯的吧，可直到走到盡頭才明白已經錯過，很是遺憾。」

蘇格拉底說：「這就是『愛情』。」

又有一天，柏拉圖問蘇格拉底：「什麼是婚姻？」

蘇格拉底又讓他到樹林裡砍下一棵最結實、最茂盛、最適合放在家裡做聖誕樹的大樹，同樣的規則，只能砍一次，只能向前走。這一次柏拉圖很快便回來了，並且帶回來了一棵雖然不夠茂盛，但也不是太糟的樹。他說，正是因為有了上次的經驗，所以這次找到了差不多的，就帶回來了，不想因為錯過而後悔。」

蘇格拉底說：「這就是婚姻！」

蘇格拉底精準地找到了生活的問題點和人性的弱點，並且一語中的：在愛情和婚姻中，人們總是患得患失。同時，他也給出了解決方法，那就是：已經擁有的，便是最好的。

所以，不妨換個思路，不要盲目去追求那些不屬於自己的，而應該更珍惜已經擁有的。追求是一個取捨和學習的過程，追求的結果一是得到，

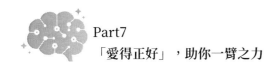

Part7
「愛得正好」，助你一臂之力

二是不可得，如果任由完成欲來指揮，得到了的就棄如敝屣，得不到的就魂牽夢縈、鍥而不捨、繼續苦求，到頭來總是悲哀。

珍惜已有的幸福才是人生真諦。當已經處在一段穩定關係當中，不要患得患失，一心一意給予對方持續的關愛和呵護，最終你會發現，細水長流，歲月靜好，才是最踏實的生活。

7.2
為什麼你愛得那麼苦那麼累？

　　愛情是什麼滋味？有人說，愛情是甜蜜的，它能讓你在擁抱它的那一瞬間，墜入粉紅色的夢境，身心融化。也有人說，愛情是苦澀的，它能讓你肝腸寸斷，心如刀割。的確，愛情大概是這世界上最說不清道不明的神祕禮物，在愛情裡，有人笑靨如花，也有人淚眼婆娑，有人收穫了幸福，也有人滿身傷痕。

　　小偉說：「好累，她說對不起我，一直在騙我！可是我真的想跟她一起，因為覺得很安心，我現在什麼都沒了，很絕望、很難受。」

　　小偉是一個八年級生，他在網路上認識了離異的單身女性王麗，經過一段時間的網聊，小偉喜歡上王麗並展開了猛烈追求。在小偉看來，他們之間五歲的年齡差距不是問題，數百公里的地理距離也不是問題，總之他就一頭栽進愛情的漩渦裡了。

　　相戀後他們度過了一段甜蜜時光，幾乎每天都會聊 Line 或者打電話，偶爾也會見面。在小偉看來，王麗溫柔善良，對自己也體貼，比如，小偉生病了，王麗會網購補品寄給他，比如，在情人節，王麗會主動飛過去陪他……小偉覺得，王麗就是他心目中最完美的戀人。

　　這段感情裡的第一重打擊，是王麗道出了她婚後有一個女兒的實情，之所以選擇隱瞞，是因為沒自信，害怕被小偉嫌棄。可是小偉接受了，仍然一心一意對王麗，想和她廝守終身。第二重打擊，是相戀第三年的某一天，王麗跟小偉提出了分手，說丈夫住院了，才發覺自己真正愛的其實還

245

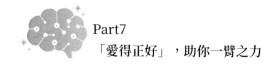
是丈夫。小偉才知道自己深愛的其實是有夫之婦，比自己大15歲，不是5歲，並且王麗只是和丈夫感情不和，並沒有離婚，王麗的丈夫正是因為發現了王麗的婚外情，承受不住才住了院，也才讓王麗心生愧疚。

小偉的這段完美戀情最終被謊言徹底擊碎了。然而，比起王麗的欺騙，比起王麗向自己虛報了年齡，隱瞞了已婚、有女兒的家庭狀況，更讓小偉接受不了的，是王麗頭也不回地離自己而去。小偉說：「我忘不了她，我其實什麼都可以不在乎，只要能在她身邊我就很滿足，我想要堅持下去，跟她好好過日子，哪怕平平淡淡過一輩子。她卻跟我說分手，把我所有的連繫方式都刪除了，我很難受，很絕望……」

小偉在愛情裡的苦，苦於始終被矇騙，苦於在真相不明的情況下，付出了真心，更苦於愛情結束後，他卻依然深陷泥潭。

愛情裡的苦實在常見，也真的難以窮盡。

晨曦在大學時遇到了初戀，以為就是要攜手一輩子的人了，所以用情至深。畢業後，晨曦的男友留校，她自己則接受父母的安排，回到家鄉工作。就這樣，他們談了一年多的遠距離戀愛，這期間，晨曦去看過男友幾次，兩人還商量好，待時機成熟，晨曦就辭職去投奔男朋友。可突然有一天，晨曦再也連繫不到男友了，Line被刪了，電話被封鎖了，簡訊也不回了。

晨曦不知道自己做錯了什麼，更不知道為什麼相愛多年的男友，連一個分手的理由都不肯給自己，更糟糕的是，晨曦發現自己越想忘掉他，卻越是忘不掉。

晨曦在愛情裡的苦，苦於無法在對的時間遇到對的人，苦於莫名其妙的結束，更苦於對方已經走遠，自己卻依然停駐在原地。

　　小白卻和晨曦正好相反，她從國中開始談戀愛，前後一共交往了 50 多個男朋友，相處時間短則一個禮拜，長則一年，她回回都認真投入，但也回回受傷，她抱怨自己總是遇到人渣；甚至有一次，她出差回來發現男友不見了，同時家裡所有值錢的東西都不翼而飛，包括餐具……

　　小白在愛情裡的苦，苦於兜兜轉轉，遇不到良人；苦於一片真心，卻換來渣男無數；更苦於不知道愛情什麼時候會給自己帶來新的痛苦。

　　其實，不管是小偉、晨曦還是小白，他們的故事都在城市的各個角落發生著。在感情這條路上，每個人都可能會受傷，傻白甜自然是容易栽跟頭的，而那些經驗豐富的情場老手也未必能修成正果。有人說「愛情就像鬼，聽過的人多，見過的人少」，諸如此類質疑愛情、質疑婚姻的說法不一而足，不禁讓人覺得愛情真總是讓人難過的。

　　如果認真梳理愛情的發展軌跡，或許就會更堅定這種看法：兩個人從陌生人到相識，從朋友關係到其中一方或者雙方的暗戀，暗戀的結果有兩種，一種是不敢表白，默默留在了心裡，成了永遠的硃砂痣或者白月光。

　　還有一種是大膽表白了，可能失敗了，也可能成功了。戀愛的發展無非這樣兩種結果，要麼分手要麼長久。分手了的就此兩別，難過；成功了的步入婚姻，面對生活瑣碎的千錘百煉，亦是難過。一系列分析下來，愛情這條路似乎就真剩下「難過」二字。

　　問題是，為什麼愛情總是令人難過呢？

　　為什麼我們總是愛得這麼苦呢？

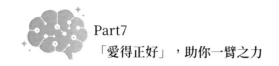
腦科學解讀：為什麼你愛的這麼苦？

第一、絕對化 —— 高估愛情、高估自己

在現實生活中，總有一些人會固執地認為愛就是轟轟烈烈，愛就要海枯石爛，所以極度渴求愛，奮力抓住愛，把愛當成了自己生活的全部，認為只有勇敢去愛，拚命去付出，才能收穫快樂和幸福。當然，他們也會這樣要求對方。

事實上，這樣的愛情觀本身就是錯誤的。有心靈雞湯這麼說：「愛是最偉大的，愛就是一切。」可是當你在愛裡兜兜轉轉、跌跌撞撞，總有一天你會發現，這並不是一切。愛的確是我們生命中很重要的一部分，愛也的確能為我們帶來許多快樂和幸福，但愛絕不是人生的全部。當我們自己愛得徹底無私，也要求別人愛得徹底無私的時候，這其實不是一種愛，而是一種占有，這也不能說明我們懂愛，而只能說明我們不自愛。

「愛是所有」不是一種可以用對或錯來評判的狀態和婚戀觀念，但是當你把愛情推向了如此高的神壇，把愛情當成了生活的全部，當你和你的另一半相愛到你中有我、我中有你，那是一種親密無間的共存的狀態，那麼有一天，如果這份愛不存在了，你自然就像頓時失去了一半自我，又怎麼會不痛苦難過呢？

為什麼會愛得苦、愛得累，高估了愛情在人生中的重要性便是原因之一，高估了自己愛的能力也是原因。

在感情中容易糾結的人往往會有這樣的想法：只有我的付出能夠帶給他幸福，只有我會適合他，只有我最懂他，只有和我在一起我們才是真愛。人會高估自己，在感情中也是一樣的，人會高估自己在別人心目中的位置，尤其是被愛「矇蔽」、戀愛腦的人，也就是處於高激素濃度的激情狀態中，人總會認為自己是無可替代的，甚至是無所不能的。

　　而一旦你發現，你在對方心目中的地位實際並沒有那麼重要，當你意識到自己的付出並沒有得到相應的回報，內心就容易產生痛苦的情緒。

第二、反黃金規則 —— 付出就要得到回報

　　很多時候，當我們對一件事情期望越高，失望就會越大，同樣，沒有高期望，也就不會有更多失望。為什麼呢？當我們對某個人、某件事有期望的時候，其實我們對這個人、這件事是有要求的；正是因為有了要求，有了需求和欲望，才更容易失望。

　　運用到愛情裡面，當我們很愛一個人，也會要求對方給予我們同樣的愛，當我們對對方付出，也希望對方為我們付出。而對方一旦做不到，那麼他在我們心裡就會變成無情無義的人，我們就會難過。這種愛情觀念，就是一種典型的「反黃金規則」。

　　美國著名的心理學家阿爾伯特・艾利斯（Albert Ellis）在 1950 年代創立了合理情緒療法，提出了「黃金規則」，即：你希望別人如何對待你，就先用那種方式去對待別人。遺憾的是，我們大多數人在生活中，其實並不懂「黃金法則」，反而會認為「我對別人如何，別人就必須對我如何」，而這種觀念，就是典型的「反黃金規則」，無數例證揭示，反黃金規則也是令我們產生負面情緒的一種不合理認知。

　　同時，「ABC 理論」也在影響我們的認知和情緒。當生活不順心，很多人意識不到其實引發憤怒、難過等負面情緒的，並不是那個具體的人或者事，而是自己對這件事、事件中這個人的判斷和見解。

　　也就是，在愛情裡，大部分的人之所以會難過，是因為一旦付出了，就期待著得到回報，一難過了，就認為是另一半的不夠愛、不夠好、不負責導致的，從一開始就沒有樹立對情感、對情緒、對愛情的正確認知。

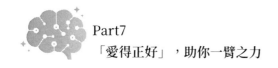
第三、自我中心 —— 把「我覺得」強加給對方

很多留言裡都能看到以「我覺得」來開頭的內容，諸如「我覺得我們非常相愛，我們會永遠在一起」、「我覺得我是最適合他的那個人」、「我覺得我們在一起會幸福」……

可是，愛情畢竟是兩個人的事，有時候我們所謂的那些「我覺得」，對方並不那麼覺得。當我們總是站在自己的角度去想問題的時候，我們勢必就會受挫，感到失落難過。

即便相知相愛，也是兩個獨立的個體，就有各自的思維方式和意識形態，有各自熟悉了若干年的行為習慣，所以我們終究不可能明白別人的全部心思，如果總是一廂情願地執著於「我覺得」，以為自己推己及人，其實是在以己度人，一定會讓對方感到不快不適，就等於為自己畫地為牢，還把那座監獄看成是幸福的城堡。

第四、外在歸因 —— 「都是他的錯！」

當感情出現了問題，很多人會把感情生變的原因，以及自己痛苦糾結的原因，歸咎於對方，認為是對方不懂愛、不夠愛，辜負了自己的用情至深和無微不至，或是認為對方用情不專三心二意。

還記得爆紅的網路影片「藍瘦香菇」嗎？一個年輕人失戀後隨手錄了個影片，在影片裡他用帶著口音的話說著「藍瘦，香菇，本來今顛高高興興，泥為什莫要說這種話？第一翅為一個女孩使這麼香菇，藍瘦，丟我一個人在這裡，香菇，藍瘦。」

因為被分手，他難受，想哭，很委屈、很痛苦！同樣痛苦的還有蘇蘇，蘇蘇也失戀了，相戀了 5 年的男友劈腿了，對象是她的一個死對頭。在失戀的頭幾個月裡，蘇蘇常常借酒消愁，她無奈的告訴自己說這是自己

上輩子欠他們的……在她的認知裡，她把自己痛苦的根源歸咎於對方的不忠。

其實，蘇蘇的反應是一種典型的心理防禦。對於很多人來說，「錯在別人」和「錯在自己」比起來，前者更容易令當事人心裡舒服。可一旦有了這樣的想法，也就證明你其實不具備承認錯誤的勇氣，更不具備強大的自信心和良好的自我認知，你的感情總是受制於人，而這些，才是真正導致內心產生痛苦情緒的原因。一個真正自信，有合理認知的人，遇到情感挫折會難過，但不會輕易要死要活、自暴自棄。

「都是她，害得我如此痛苦難過」；失戀後，茶不思、飯不想、借酒消愁，夜不能寐；怪別人害苦了自己……當你在這樣做、這樣想的時候，其實就無異於把自己關進了情緒的籠子，明明對方已經離開了和你再無瓜葛了，你卻仍然持續要被他影響，甚至幻想著他能回心轉意。這樣的你，怎麼會不痛苦？

愛是世界上最神祕的事情，關於愛情的定義，每個人都有自己的看法，但沒有誰能說得清道得明，更沒有人能教授別人什麼是愛情，怎樣的愛情才能只有甜蜜幸福，沒有痛苦和眼淚？我們可以做到的，唯有以一顆真心面對愛情：彼此相愛的時候，好好愛，不愛了，允許自己難過一下，但別讓自己始終沉浸。畢竟，失去了愛，也還要生活，還有人生！

另一半離開後，當你離開關閉著自己、讓自己痛苦的愛的牢籠，你會發現，你還了自己快樂，也還了自己自由！

251

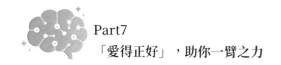

7.3
原來「被愛」如此傷人！

　　兩情相悅、情投意合應該是愛情中最美好的狀態。遺憾的是，在現實的生活中，並沒有那麼多天遂人願和一帆風順，能在合適的時候、合適的地方遇到一個彼此深愛的人，真的是件可遇不可求的事。

　　對大多數人而言，「愛我的」和「我愛的」，往往並不是同一個人，正如那首《愛我的人和我愛的人》裡面唱到的那樣：「愛我的人對我痴心不悔，我卻為我愛的人流淚狂然心碎……」

　　「到底是要選我愛的，還是選愛我的？」似乎是很多人在愛情裡面對的難題。不得不說，這真是個兩難的選擇。

　　小玲和男友相戀了七年，儘管分分合合，儘管畢業後專注於事業的男友不懂關心自己、照顧自己，但小玲仍然捨不得放棄。後來，小玲遇到了大自己三歲的小武。小武對小玲一見鍾情，更重要的是，他還是個不折不扣的暖男。小玲生病，照顧她的始終是小武；當小玲孤單難受，陪伴她的依然是小武。儘管沒有愛情，但小玲內心的天秤卻漸漸傾斜了。在和男友的愛情裡，她太累了，太需要一個堅實的肩膀可以依靠。

　　於是，小玲陷入了一種兩難的境地，一方面是自己深愛的男友，一方面是深愛自己的小武，小玲不知道究竟應該怎樣選擇，她問我：「在感情中，愛和被愛，究竟哪個更重要呢？」

　　其實，如果要問在情感關係中愛人和被愛究竟哪個更重要，我相信應該沒有人能分出高低來。愛人是一種能力，感知愛、接納愛也是一種能

力，究竟這兩種能力哪個更重要，誰又說得清呢？不過可以肯定的一點是，這兩種能力都是構建和諧親密關係的基礎。

很多時候，我們之所以糾結於選擇愛人還是被愛，是因為我們總是抱有這樣的觀念：去愛一個人會有受到傷害的可能，怕得到的愛沒有自己付出的愛多，怕竹籃打水一場空，到頭來利益受損還苦了自己；而被愛則恰恰相反，被愛是獲得和享受，被愛的人是主動方，甚至高高在上，能決定愛或不愛，愛多或愛少。

或許，也正是基於這樣一種心理狀態，大多數人在糾結過後，都會義無反顧地選擇被愛。

小孫受過一次情傷，空窗多年，猛然接到了一番情真意切的表白，雖然這個人並不是她心心念念的白馬王子，但也還算是個暖男，更重要的是，他不是「中央空調」式的暖，他一心一意只暖她一個，這令小孫享受其中，甘之如飴。

而另一位「被愛」的人 —— 老林，他已婚多年，一直安安分分過日子，某天遇到一個看到他會紅著臉低下頭的女孩，女孩對他說「你那麼有魅力，我就想喜歡你，別無所求」，雖然老林明知不可不該，但也終究逃不過對方的溫柔攻勢，狠不下心來拒人於千里之外。

被愛的感覺真的很妙。

「我很想你」、「我喜歡你」、「我只想靜靜的看著你」、「我就想和你在一起」、「你是我最理想的另一半」……這些話你一定聽過，還記得心頭一顫的滋味嗎？即便你心中另有他人，即便對方並不是你的夢中人，但那種美妙的感覺也足以讓你陶醉一番了。

可是，被愛的人真的就是情感關係中的強勢方嗎？被愛方真的就能夠掌控全域性，避免傷害了嗎？選擇了被愛，真的就可以過得更快樂嗎？

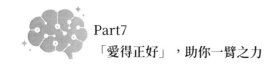

Part7
「愛得正好」，助你一臂之力

腦科學解讀：選擇了被愛，真的可以過得更快樂嗎？

要弄清楚這些，我們首先要來看看，「被愛」是怎麼發生的。

也許就是在不經意間，你壓根不知道是什麼時候、什麼情況下，你就走進了他眼裡、心裡，當他對你說「你就是那個我一直在等的人」，即便你很清楚對方並不是你心目中那個對的人，你還是會心頭一震，小確幸一般。

你當然知道愛情需要你情我願才能你儂我儂、地久天長，不管是處在空窗期，還是心裡已經有人，面對一個你確實沒什麼感覺的人，他越是對你深情款款，你越是會害怕辜負對方，你很理智地告訴自己：「我既不愛他，就不要害了人家。」但現實中卻狠不下心拒絕。被關懷、被愛慕、被重視的感覺世人都渴望，這一切，甚至是一些人終其一生追求，都求之不得的東西。想一想，這些感覺要是就這麼失去了，還真會有些不捨。

於是，你不拒絕也不接受，你選擇了曖昧不清，一邊接受著對方的好，一邊盼望著對方興趣漸淡、主動掉頭，還覺得自己是「人太善，心太軟」。

然而，正是因為你的含糊，讓對方誤以為還有希望。當黑暗中有了一絲陽光，那一絲陽光有時甚至比整個太陽帶給人的刺激更強烈。就好比是窗戶縫開得越窄，感受到的風力越猛一樣，當對方看到了你給的一絲希望，又怎麼會輕易罷手呢？

結果是，當你抱著不捨的心僥倖期待對方先離開，他卻沒有漸行漸遠，反倒越靠越近，站在了你身邊。

事實上，當你抱著一顆「不想傷人的善心」，感慨對方愛得執著、愛得讓你防不勝防的時候，其實不過是你壓根沒想防，甚至欲拒還迎。

254

甚至，在這個過程中，在某些特殊的時刻，你還會感謝對方的出現。在你夜深寂寞的時候，他陪你說了一晚上的話；在你不想一個人吃飯逛街的時候，他繞過大半座城去尋你；在你低落的時候，他奉上溫存……這樣的隨傳隨到、有求必應，是施愛方積極情緒的展現，情緒會傳染，積極情緒也會遇強則強，刺激出更多的積極情緒，營造出愛心傳遞、大愛無疆的積極效果。

在這段關係中，他讓你獲得了滿足感，你感動又感恩，你告訴自己滴水之恩當湧泉相報，既是要知恩圖報，總得為別人做點什麼，哪怕只是簡單的回應和見面，於是這樣的事情就有了下次和下下次，於是你們就越走越近。

無需付出努力就能得到噓寒問暖和支持陪伴，被愛的感覺是會讓人上癮的，當人發覺自己也可以成為世界的中心，成為「The apple of one's eyes, the sunshine of one's life」，這樣的快感、存在感、價值感，會被你誤認為是愛情。當有了這種誤解後，你們便走到了一起。

然而，這終究不是愛情，更不是你要的愛情。

你不過是為了回饋對方的好，你不過是害怕孤獨寂寞，再後來，你不過是習慣了，習慣身邊有一個人供你差遣、使小性子的人，習慣了依賴。你不過是落入了「被愛」的甜蜜陷阱。

當然，你也會努力的嘗試去愛。當他張開懷抱的時候，你會想：「我應該迎上去吧，我的頭是不是也應該靠在他的胸口呢？應該是的，好吧！」當他靠著你的時候，你會想：「我是不是也應該抬起手臂摟著他？應該是的，好吧！」

你一直告訴自己日久是可以生情的，但其實你已經成為了「被愛」的奴隸。他送上溫存的抱抱，你調整心態回以微笑，並且努力享受被他抱

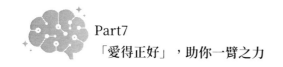
著的時刻。但你騙不了自己，當你們面臨著談婚論嫁的時刻，你還是會忍不住在心裡問自己：我真的愛他嗎？甚至，你還會在心裡問自己：「我真的快樂嗎？」

漸漸地，你便發現，似乎，你只是裝作很享受，你只是努力在讓自己享受。

在朋友聚會上，他對你的無微不至，別人都看在眼裡 —— 他給你夾你愛吃的菜，給你倒水披外套，你從別人羨慕的眼神中看到了你的幸福。可是，因為你沒有那種愛的感覺，誰夾菜，菜也還是那個味道。

情人節、聖誕節、元旦，在每個特別的日子，他都會用心準備禮物，費盡心思感動你。你也確實很感動，準確地說，你很感恩。於是，你更努力的回應他的愛，你每天都在心裡想：「天冷了，是不是也該傳訊息給他，讓他注意身體？」、「她快生日了，是不是也得給她準備份禮物？」慢慢地，你發現，似乎你傳訊息給他、你關愛他，更多的是為了回報，就好像在完成老闆下達的任務，並不是發自真心的。

某天一起逛街，他臉上閃過一絲不悅，你便想：「他是不是察覺到我在裝？」你也開始懷疑這場戲還能不能演下去。而他呢？他看到你不安的神色，自然是被你牽動著，他給你一個大大的擁抱，那意思是「放心，沒事」，你也努力的回應他，認真用力得向他向自己證明：「看，我也是愛他的，我們是相愛的」，可最後還是發現，那麼用力抱在一起那麼久，心還是不在一起。原本很享受的「被愛」，竟然比一個人還要孤苦。

這樣的孤苦和無奈讓你內疚，你埋怨自己為何就是不愛他，埋怨他為何要那麼愛你，埋怨愛為何要如此無奈。

你以為「被愛」會傷人，其實到頭來傷得最深的是你自己。

你享受著關懷備至體貼入微，感動又感恩，小心翼翼擔心傷害對方，

卻不曾想，真正受傷的是自己。

　　努力去愛，努力去愛上一個人，努力去日久生情，轟轟烈烈愛了，他為你付出一切，即便得不到你的心，卻得到了你的感恩，得到了你的努力和投入；而你為愛痴狂了一場，可到頭來你並沒有享受到愛情的甜美溫潤，你得到的並不是你想要的，你還要為自己的負心和無以為報內疚。

　　所以，被愛並不一定就會更快樂。對於愛情，還是要忠於內心，不要曖昧，不要貪戀，果斷拒絕，這既是對別人的一種尊重，也是對自己的一種保護。

Part8
不能自我成長，就會白忙一場

　　同樣身處職場，有的人短短幾年便實現了光速成長，有的人工作多年卻依然徒勞無獲，這便是現實的差距。身處職場，每個人都有自己的目標和理想，掌握一些必備的職場腦科學心理學，可以幫助我們很快捷、更高效地完成目標和理想，可以讓我們真正實現職場上的涅槃。

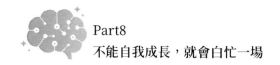

8.1
放棄舒適是成長的代價

在和年輕朋友們交流的過程中，我發現很多還未進入職場或者剛剛入職的年輕人，對自己未來職業規劃的想法越來越傾向追求「穩定」。

這種穩定並不是老一輩人觀念裡的，找工作一定要找有制度的企業，手裡捧著「鐵飯碗」才能確保未來生活無憂，即便這個「鐵飯碗」的工作內容枯燥，薪資還可能遠比其他職位低。現在的年輕人大多數不要求有制度的「鐵飯碗」，他們想要的穩定是指薪資能夠負擔生活支出，不用為生活發愁，在此基礎之上能買得起一些自己想要的東西則更好，而所謂「想要的東西」通常也是不跳脫於自身階層太多的需求。至於更多理想和追求，諸如成為公司高階主管、在本行業做出一些創新貢獻、創業成為富豪等等，他們或許也憧憬，但把這些當做自己的目標去努力的越來越少了。

越來越多年輕人追求安全、舒適的穩定生活，這讓我感到好奇。我曾經問過朋友為什麼不想透過自己的努力，使生活更加富足呢？當時他笑得很無奈：「有錢人比我基礎好，比我資源多，我怎麼努力都不能超越他們，現在我說不上多有錢，但吃喝不愁，買房家裡也能幫忙，幹麼還要那麼拚。」

誠然，越來越嚴重的階級固化，確實是年輕人選擇生活在自己舒適圈裡的一個原因，在這種環境下，他們很難相信自己的努力和打拚必然會得到相應的回報，更別提人生的翻盤了，於是想著與其賭那一點渺茫的希

望，倒不如維持現狀來得舒服。但這環境的影響畢竟只是客觀要素，「求穩」，更多的原因我想還是在於個人自身。

我的一個朋友是某公司的二把手，他的女兒從小接受良好的教育，眼界開闊，大學學位和研究所都在美國就讀，畢業回國後她的第一份工作在一間大公司的總部，並且頗受主管賞識。在大多數人眼裡，這應該是個即便家底不錯，也能憑藉自身能力在大城市穩腳跟，並順利獲得職場晉升的人生贏家。

但一年之後她就離開城市，回到了中部的家鄉，後來在她父親的公司就業了。她在美國學的專業事實上與父親公司從事的行業幾乎不相關，因此只能做對專業技術要求不太高的行政工作，即使有父親這層關係的照顧，薪資肯定不如在大都市裡那麼高。

再和這位朋友見面時他聊起女兒，我問為什麼放棄都市的工作回家鄉，他告訴我，其實女兒在都市工作了不到半年就開始抱怨太累，每天上下班通勤也讓人崩潰。現在回到家鄉，每天可以坐父親的車一道上下班，不需要支付房租也不用操心一日三餐和任何生活瑣事，縱然薪資少一些，但到手的錢幾乎能全部用於自身消費，自然是比在都市更加舒適和穩定。

這或許是現在年輕人心態的一個縮影。走出舒適圈的成本太高，遠離家鄉去大城市要背負高生活成本、高房價的壓力，自己處理一切生活點滴又太過消耗精力，相形之下，舒適而穩定的生活自然更受青睞。

其實生活在舒適圈並不僅僅只表現在職業選擇上，當下年輕人的業餘生活狀態和情感狀況同樣如此。長時間待在家裡，離不開電腦和手機，依賴網際網路生活，要買東西就網購，餓了就點外送，能不出門就不出門，這種「宅」的狀態能精準描繪現下絕大部分的年輕人。

他們生活在「家」這個舒適圈裡，享受這樣的閒暇時光，不太願意

261

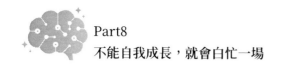

走出去，探索未知的世界。情感上也是一樣，隨著年齡成長越發害怕和陌生人打交道，覺得自己有幾個熟悉的朋友就夠了，再從頭開始了解一個人太累，風險也太高，不如不要。

延伸開來，越來越多人傾向選擇單身或不婚，某種程度上也是因為不願意花費時間去了解一個新的對象，他們的舒適圈就是已經習慣了的單身生活和相對固定的交際圈，走出舒適圈對他們來說意味著打破既有規則，重新理順一套新規則並逐步適應，但這必然要付出時間精力等各種成本，這是許多年輕人不願意承擔的。

若是在舒適圈裡待得心安理得也就罷了，偏有很多舒適圈裡的人，不願走出卻又會因此焦慮擔憂，因為他們心裡很明白，長時間生活在舒適圈裡固然能讓人感到安全和穩定，但人生並沒有絕對的安全。滿足於舒適圈裡的生活，長期原地踏步甚至是危險的，沒有成長、無法進步的人置身不斷變化和發展的環境裡，總有一天可能會被時代拋下。那麼，我們應該如何走出自己的職場「舒適圈」呢？

腦科學解讀：如何走出舒適圈？

◆擴大人脈交際圈

現在很多年輕人缺乏人脈意識，總覺得我在這家工作，那我就只和我的同事們打交道就好。這樣的心態導致很多年輕人身邊除了家人就只有同學和同事，社交面極窄。對於這些年輕人來說，如果這是一個「鐵飯碗」，或是職位穩定了也還好，可一旦公司出現動盪，自己的飯碗不保，就會發現不知所措求助無門。根本沒有辦法尋找能給自己提供幫助的人。所以擴大自己的人際交往圈十分重要。

　　那麼，我們應該注意建立哪些人脈呢？一般分為兩種，一種是圈內人脈，一種是社交人脈。所謂的社交人脈其實就是我們朋友的朋友這種關係，根據著名的六人定律，我們透過六個人就可以認識世界上的任何人。交朋友求的是志趣相投，求的是能夠溫暖彼此，但生活中也免不得有需要朋友相助，或是朋友需要你相助的時候。多參加社交，多接觸朋友的朋友，說不定什麼時候就能遇到給你積極影響的摯友或是碰撞出創意、合作的火花。至於圈內人脈，指的主要是我們工作中遇到的客戶或者合作夥伴，在日常工作中，在和客戶夥伴的溝通中，建議運用「過程導向」的思維方式，「目標導向」容易令人感受到過強的目的性，舉手投足間就容易給人留下功利的味道、刻意的味道。用真誠平和的心態尊重善待每一位客戶和合作夥伴，在和客戶、合作夥伴的溝通過程中若是能做到友善、及時、高效、準確，這是職場合作成事的最扎實的基礎。

◆保持探索和學習的熱情

　　常常有人覺得自己的工作停滯不前，很可能是躺在過去的功勞簿上，享受既得的生活狀態，不再願意迎接挑戰，不想再繼續學習，沒有創新沒有突破，這樣自然會覺得每天的工作就是重複，毫無趣味。如果只是躺在已有的成績上不再努力，不再追求，不再創新，和機器人又有什麼區別呢？

　　不斷學習、吸收新知識可以體驗學習的樂趣，積極的體驗又可以保持對職場目標的熱情，也就能找出工作中更多的樂趣，可以在遭遇新的競爭對手時保持一定的競爭力。很多人在工作幾年後，面對新人同事時常會抱怨主管更喜歡新員工，而不再看重自己，這個時候請問問自己，你具有多強的競爭力呢？你是不是還具有一顆不斷學習不斷創新的心呢？

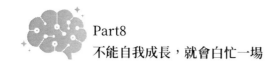

◆擴充兵器庫，變成「斜槓員工」

　　網路上流行的「斜槓」概念指的是那些身兼多職，具有多項工作才能的人。很多人安於自己已有的技能，不願意學習掌握新知識。能把一件事做到精益求精固然很好，但如果哪一天你的這項技能被淘汰了，又或是遇到了這個技能上更強的競爭者，你又該怎麼突圍？所以就要不斷學習新技術，擴充自己的武器庫，這能順應時代的發展，也能在危機來臨時更加遊刃有餘。

　　在職場生活中，我們常常會給自己劃定一個舒適圈，用來迴避那些我們不願意面對的東西，用來逃避我們可能面對的困境。但我們不能永遠躲在自己的舒適圈裡不面對現實，一味逃避等來的只有落後和淘汰。放遠目光，放眼未來，勤奮學習新知識，努力掌握新技能，結交新朋友。若是這一切都做到了，你會發現自己在職場中更加如魚得水了，你會發現生活處處都有舒適圈。

8.2
這個「職場競爭者」害你不淺！

　　俗話都說職場如戰場，許多人都可能會在職場裡給自己樹立「假想敵」。這個「假想敵」或者是你這個職位的前任員工，或者是初來公司的年輕骨幹，許多人會不斷地拿自己與這個「假想敵」對比，以此激勵自己前進。用「假想敵」激勵自己努力的初衷是好的，前文說了，我們需要給自己設立一個目標，保持自己的競爭狀態，但在實際工作過程中，一些不斷給自己樹立「假想敵」的人常常因此搞砸了自己和同事之間的關係，反而影響了工作。

　　小韓想到了辭職，但考慮到經濟不景氣，怕辭職離開之後難再找到更理想的工作，十分糾結。他是某國營企業高階主管，工作能力強，深得老闆喜愛。辭職想法的出現，是從一名新同事加入公司開始的，小韓始終覺得新同事這個人為人虛偽。

　　小韓說這新同事能力不強，說話卻頗有架子，喜歡裝腔作勢，有事沒事總愛表現自己和老闆關係好。正當小韓對這名新同事心生不滿的時候，小韓的下屬和這新同事一起入職的大學生被老闆辭退了，辭退的原因是一件小事。

　　聯想到新同事平時好像有意無意地冷落那大學生，小韓斷定是這新同事在老闆那裡打了人家的小報告才讓人丟了工作的。巧的是，這名新同事就這樣調到了小韓手下接手被辭退大學生的工作。想到自己的種種推測，小韓也有些憂慮，擔心自己也被「背後插刀」，頓時起了離開公司的心思。

　　跟小韓多聊了幾句，我發現了問題。小韓並不是第一次因為這樣的原

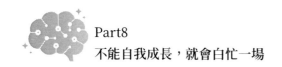
因離職了，他辭去上一份工作轉投這家公司也是因為類似的問題，他無法忍受那些「虛偽」而「陰險」的人。小韓自己也覺得十分不解，為什麼他到哪家公司都能碰上這樣的人，是他太倒楣嗎？

其實未必，很可能是小韓把那個人當成了假想敵，在自己的想像裡添油加醋，各種猜測揣摩投射中為對方貼上了許多負面標籤。事實上，小韓並沒有證據證明，就是新同事跟老闆打小報告，也沒有證據證明新同事就是他想像中的那種人。事實只是他怎麼看對方都不順眼。

在我的建議下，小韓和那新同事深入溝通，開誠布公談了自己的想法，新同事在了解了小韓的意圖後也對自己的言行做了解釋，兩個人後來逐漸消除了芥蒂，還成了不錯的搭檔。

在職場生活中，和小韓一樣的人可不在少數，我們再來看下面這個案例：

老張是一家公司的中層管理人員，是公司的老員工了，平常兢兢業業工作，踏踏實實做人，性格有些內向，卻也和同事關係不錯。在一次校園應徵之後，公司辦公室招來了一名剛剛畢業的大學生小王，老張就開始感覺自己在工作中有些不順心了。小王為人處事八面玲瓏，擅長和人打交道，不僅能讓老闆欣賞器重，和同事還能打成一片。在老張看來，小王是個投機取巧的人，心思沒用在工作中。老張對小王的舉止狀態十分不屑，常常有意迴避對方，即便小王主動向示好，老張也愛答不理。

在公司的一個專案中，每個人都分配到了一些超出常規工作量的任務，全憑個人單兵作戰很難在規定時間內完成。小王呼朋喚友，找同事為自己伸出援手，很順利地完成了自己的任務。老張可就犯了難，他埋頭工作，自己加班努力趕工，最後還是沒能按時完成，完成的品質也不如小王。老張眼看著小王快速升遷，職位比自己還高，自己卻因為工作效率不高品質也不高，薪資不升反降，後來在憤憤不平中辭職離開了。

相信我們在職場中常常能見到像老張和小王一樣的人，小王正是老張給自己設立的假想敵。老張因為自己的偏見而給小王貼上了「投機取巧」的標籤，事實上小王並沒有做出損害公司利益、侵害同事利益的行為，只是腦子靈活，樂於又善於和同事交流溝通。老張把小王當成「假想敵」的行為並沒有對小王造成什麼影響，反倒是影響了老張自己的心態，影響了工作和生活。

在職場生活中保持積極心態，擁有良好的同事關係非常重要，都說職場如戰場，但不是自己給自己找麻煩，輕易給自己設定假想敵，給自己畫地為牢，給自己設定戰場，那麼為什麼有些人就會給自己設定假想敵平添煩惱呢？

腦科學解讀：如何與我們的職場「假想敵」相處？

在職場中會樹立假想敵，往往是因為我們在職場中難免會遇到一些「不公平」，但又無力改變，於是只能在心裡樹立一個「假想敵」，讓內心的憤怒找到一個宣洩口，獲得內心的平靜。

但這樣的行為，對於那些被我們當成「假想敵」的人來說同樣是不公平的。他們未必真做錯了什麼，沒有實際損害公司利益，沒有真正侵害你，只不過是因為你的認知、你的情緒或是你和他之間缺乏了解，缺乏溝通，於是導致了不合。尤其是當你對「假想敵」產生了厭惡情緒，這樣的情緒就會影響你的判斷，讓你把憤怒轉移到對方身上。處於這種厭惡情緒中，人的認知判斷就容易出現極端的主觀片面，比如前面提到的老張，他覺得人把心思放在工作上才是正道，這一點沒錯，可他就要在毫無事實證據的前提下，認定小王就是個心懷不軌、不幹正事的人，再由對小王的冷落抗拒發展到對同事、主管、公司的抗拒失望。

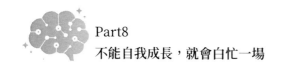
　　在職場上，少樹一個敵人通常就意味著能多一個朋友。像老張一樣把小王當做自己的假想敵，刻意迴避與對方接觸的行為是不恰當的，因為迴避的同時是在拒絕資訊溝通，其實也是在孤立自己。理性的職場人應該做的，是敞開胸懷，客觀處事，思慮周全。那麼，應該如何與我們的合作夥伴和競爭對手相處呢？

◆ 過於外向性的歸因

　　保持良好的自身心態在人際交往中非常重要，一些人為自己設立「職場假想敵」的根源在於自己無法保持良好的心態，在面對職場事務時不考慮自身問題，慣於外向性歸因，把問題的出現歸結到環境和他人身上，常常把他人的成功當成自己的挫折，並深感不公不平，他們常常忽略對方的付出和自己的不足，把一切他人的成功歸咎於他人運氣好，他人背景強、資源廣，要麼是他人投機取巧，同時把自己的失敗歸咎於自己時運不濟，別人手段太高明等等。這樣的心態就像一副有色眼鏡，導致看人片面處事偏頗，自然難以維持和諧的職場關係。

　　在職場生活中保持積極良好的心態十分重要，不能只看到同事的缺點和成績，更要看到對方為了取得成績而付出的努力，也就是有勞才有得，有付出才會有回報，不要被偏見矇蔽視線，看人看事都該客觀全面。

◆ 及時解決，顧全大局

　　人對負面事件、負面情緒的抗拒，也展現在很多人和同事發生矛盾分歧的時候不喜歡當面對話溝通，而是與其他部門甚至其他公司的員工私下議論。這樣的處理方法其實非常不妥，不但會影響部門和公司的整體形象，一旦這些話被人有心無意轉變幾個版本，傳回到當事人或是上級耳朵

裡，對自己的形象也具有毀滅性的打擊。

在發現矛盾和衝突之後，首要原則是保持冷靜，立刻處理。任何問題都可以當面溝通，如果同事有什麼處理不善，令你感到疑惑不滿，應該敞開心扉真誠地當面交流，這過程中若是能發現自己的不足，更是一件好事，別覺得面子掛不住，比起實實在在的提升和進步，承認自己的不足和失點面子真的不值一提。

面對面交流，更能針對問題，盡快協商出雙方都認可的解決方案。絕大多數工作中的問題都是可以在直接溝通後得到解決的，背後表達無益於解決任何問題，只會影響雙方的關係和形象，給團隊造成損失。

◆接受不同、求同存異

每個人因為不同的人生經歷，不同的成長環境形成了截然不同的性格，我們在職場生活中無法挑選同事和合作者，也沒有辦法決定影響他人的性格，所以在看待同一個問題時，常常會因為立場和觀點不同而產生分歧，但觀點的分歧並不意味著有對錯之分，很可能只是看待、理解和處理的角度不同。

有時候即使換位思考，也還是覺得有些問題是不可退讓的，這時候不妨冷靜下來，把這個問題暫且擱置，先處理簡單的，等其他問題解決後再回過頭來看複雜的，也許能發現新的視角。妥協不是認輸，較真也不是本事，明確自己的原則和邊界，君子和而不同，求同存異可以達到共贏。

如果在工作中遇到性格不合的人，或者同事做了不合自己心意的事情就把對方當作職場「假想敵」，只會增強自己職場路上的阻力和壓力。職場生活中的人際交往總會產生一些困擾，保持良好的心態，不一味把問題的發生歸咎於外界和他人，遇事及時處理，顧全大局，求同存異，能保持和諧的職場關係和氛圍。

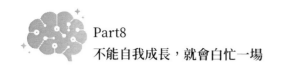

8.3
生命不息，折騰不止，願你成為你喜歡的自己

　　不知道大家在嘗試自己去開創一些事業的時候，是不是會聽到這樣的話，「別折騰自己啦，你不行的。」在這裡，「折騰」似乎是那些「過來人」好心的勸誡，勸誡別走上彎路。我認為不然，年輕人就是要學會「折騰」自己。要「折騰」，是因為對自己還不滿意，是因為認為不足可以彌補，錯誤可以改正，人就是要反反覆覆不斷改正、提升、完善，才能成為更好的自己。學習永無止境，人都需要對自己「折騰」，尤其是渴望一展抱負的你。面對命運，年輕人有朝氣、有夢想，但夢想不能代替現實，人生的成就更不可能僅憑夢想便能取得。生命不息，「折騰」讓你成為你喜歡的自己。

　　小愛是資訊科系的畢業生，畢業於一所高水準研究型大學，畢業前一年一直在找工作，先找了幾份資訊工程師的工作，後來不知怎麼想的又找了國營事業，小愛在國營事業沒做多久感覺前途渺茫，技術荒廢，又想再折騰折騰。但沒了應屆生的光環，也缺乏從業成就，換工作難度很大。她於是充滿了迷茫，雖說專業技術還行，但是缺乏工作經驗，感覺自己很難進入更厲害的網際網路公司。但是，想考公務員，又沒有適合的、感興趣的職位，想出國留學或者考研究所，又不好意思再跟爸媽要錢。

　　人一旦陷入了迷茫，再好的學校，再好的技術，再好的腦子，也好像發揮不了什麼作用。我對小愛說：「在我看來，你屢次跳槽的原因，是因為你不知道那份工作對你而言意味著什麼。而這個問題的根源就是你迷

茫 —— 沒有目標導致的迷茫。」小愛很贊同，她說自己確實迷茫，對未來充滿了不確定性，不知道自己適合幹什麼，她也知道，多嘗試一下，多折騰自己，感覺是能找到自己喜歡的方向的。

事實證明這個喜歡折騰的女孩選擇是對的，她最終沒有選擇安逸的國營事業或者公務員工作，休養了三個月之後，還是選了自己喜歡的網際網路事業，努力提升自我，在家繼續學習寫程式的知識，在多家公司實習鍛鍊累積經驗，最終拿到了某知名網際網路公司的入場券。

很多年輕人就和小愛一樣，對自己的職業規劃充滿迷茫，不知道自己想要的到底是什麼，踏入職場的第一份工作有點不順心就想轉身離開，有些人想換跑道，有些人想繼續唸書，有些人甚至還沒有開始工作，就已經主動放棄，更不願意去折騰。其實分明是急於求成，恨不得「春播秋收」，春天做事，秋天馬上就有房子有車成為人生贏家。

站在人生的路口，不知道如何選擇的時候，不妨折騰自己，多嘗試，就會明白自己想要的是什麼。那麼到底應該怎麼折騰自己？怎麼樣的折騰不是瞎折騰呢？

腦科學解讀：怎樣折騰自己？

人生就是要折騰。鍛鍊身體是折騰身體，能長期堅持下來，就會擁有一個健康、靈活、協調的身體。不願鍛鍊，把閒暇時間用在吃喝玩樂享受上，身材就會朝著糟糕的方向發展。學習是折騰大腦，愛探索、勤思考，獲得的知識就更多，就能擴展視野，提升認知程度，看待問題解決問題的能力就越出眾，就更可能進入渴望的職場環境，更有勇氣和自信去開創自己的人生。

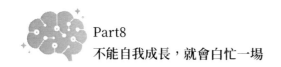
◆面對困難，不輕言放棄

　　每個人都有夢想，但是，在實現夢想的過程中總會有阻力，總會有困難。面對困難，很多人第一想法不是如何戰勝困難，而是如何逃避困難，在碰到問題的第一時間就繳械投降。相反，也有很多人懷著一腔孤勇，在別人質疑的眼光下，戰勝困難，努力鑽研問題找到適合自己的方法，最終到達成功的彼岸。

　　機會總是有的，但並不是每個人都能抓得住機會，福特汽車的創始人亨利‧福特（Henry Ford）曾經說過：「不論你認為自己行還是不行，你都是對的。」行或不行，最根本的話語權就在你自己手上，人生需要緊緊抓住每一個實現夢想的機會，不斷的折騰自己。困難是人生的「賽點」，誰能順利跑完下一程，靠的不是「一帆風順」，而是「越挫越勇」。

　　張藝謀正是一個愛折騰的人，也才「折騰」出後來的成績。張藝謀只有國中學歷，本想自學兩年再考大學，然而政策突變，他只能放棄報考大學的念頭，好友勸他：「你拍照拍得好，可以考電影學院攝影系。」張藝謀聽了勸，帶著自己的攝影作品報考，卻沒想電影學院的招生老師這樣告訴他：「拍得很好，但是你年齡超過了，沒辦法，年齡是個無法改變的限制。」張藝謀只得回到老家，在所有人都勸他放棄，別瞎折騰，老老實實找個鐵飯碗的時候，好友又給張藝謀提了建議，讓他把自己的攝影作品寄給文化部部長，說碰碰運氣，說不定人家看到作品出於愛才之心會通融呢。

　　也許有人會覺得這個想法不可靠，部長日理萬機，哪有「管閒事」的功夫。張藝謀卻把這件事放在心上了，真折騰了起來，給部長寄了自己的作品。沒想到這一折騰還真成了，部長收到張藝謀的作品後立即指示：「立即通知張藝謀入學深造，可以以進修生或其他名義解決年齡問題。」

很多人一生庸碌無為，根本原因就在於還沒有開始就先想著「不可能」、「做不到」，「自證預言」的威力在〈「星座好準啊！」究竟是怎麼回事？〉時就聊到了，還沒開始工作呢，就想著自己肯定是瞎折騰，就想著有困難會失敗，那真就沒什麼成功的指望了。其實，著手去做一件事，一定有成功的可能性，但如果連嘗試都索性放棄，那永遠都不可能成功。只有經歷過挫折和坎坷，才可能獲得更好的成就。

◆折騰出風格和特色

在職場中，有特色的人必定少不了折騰，還至少得折騰 10,000 個小時，才能創造些成績。不僅如此，還得折騰第二技能，在小愛的故事裡，她進入了知名網際網路企業，靠的不僅是出色的程式設計技術，企業人資青睞英語好的人，而在大學期間，小愛不僅刻苦學程式設計，還刻苦修英語，相當出色的英語口語能力就讓她在面試中加分不少，脫穎而出。在需要和國外專家商談的場合，她就比一般的程式設計師更有優勢。

很多人從小接受的教育都是「不要瞎折騰，學習是最重要的，一切以工作為準」。可只有折騰，才能獲得更多技能，才能擁有更多特色，離成功也就更近。試想，如果人人都安於現狀不折騰，世上有哪會有那麼多偉大的創新和發明呢？

生命不息，折騰不止，願你成為你喜歡的自己。我們的折騰不是瞎折騰，現在所付出的一切，所經歷的一切，都是取得成就的必經之路，折騰絕非必然，成功絕非偶然。放手去做，才能折騰出特色，折騰出風格，折騰出精彩的人生。

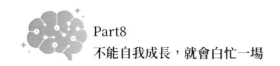

8.4
假如你中樂透發財了……

　　相信很多人都做過中樂透中大獎的美夢，那麼你有沒有想過，如果你真的中了一大筆錢，你還想繼續工作嗎？

　　有過這樣一個案例，一位年輕人買樂透中得 500 萬元大獎，買車買房之後，辭職自己創業，然而缺乏公司管理經驗的他很快就把獎金揮霍一空。他不甘心失敗，向身邊的朋友籌集了 700 多萬元的資金想要繼續創業東山再起，然而天不遂人願，他不但沒能挽回公司的損失，更是無力償還債務，最後被債權人告上法庭，落得破產的下場。

　　像這名年輕人一樣的人不在少數，國內外都常有樂透大獎得主遭遇破產，甚至窮困潦倒不幸去世的事。心理學上有一個概念，叫作享樂跑步機。所謂的享樂跑步機，意思是人一旦體驗過某些新鮮的物質體驗，就需要靠更強的物質刺激才能保持快樂的感受，這類似成癮行為。

　　天降橫財就是一種強烈的、全新的刺激體驗，這種刺激體驗導致了大腦的獎賞系統，讓人感覺愉悅，幸福指數上升，可這樣的刺激帶來的幸福體驗會隨著時間和刺激的強度而減弱，而再要提升幸福指數，也就需要又一個更大的刺激體驗來製造了。

　　相關機構研究調查結果顯示，樂透中獎者平均受教育水準和所處社會階層往往低於平均指標，理財能力和經營能力都十分有限，也於是有一部分人在鉅額財富降臨時候，並不能完善地規劃和使用，就會在胡亂投資或吃喝嫖賭後，落得一無所有的下場。

　　為了避免這種情況的出現，許多彩券行都增設了心理服務功能，專門為樂透大獎得主提供心理服務，幫助他們對人生進行規劃。然而也有調查顯示，近年的彩券投注者多數呈理性心理狀態，許多人量力而行，心態平和，也有諸多樂透中獎者在抱得大獎之後能繼續安心工作和生活。

　　是什麼促使這些中得樂透的千萬富翁繼續工作的呢？再來看這個案例，美國富國銀行的 11 名員工合夥購買了一期「超級百萬」的樂透並獲得了高達 5.43 億美元的大獎，這 11 名同事在成為億萬富翁後，並沒有就此辭職各奔東西，而是平分獎金，繼續工作。因為他們熱愛自己所處的工作環境，也喜歡和這些同事共事的氛圍。

　　我曾經在節目中做過調查，我問聽眾，如果中了 1,000 萬還會不會繼續工作，不少人的反應是，中了 1,000 萬了為什麼還要繼續工作？也有人認為要繼續工作，但工作的心態會輕鬆很多，因為看著老闆和同事繼續為錢掙扎，自己為錢奮鬥的壓力卻不在了，沒了後顧之憂反而可以更輕鬆的享受工作樂趣。

　　面對「中了 1,000 萬還會不會工作？」這個問題，相信有後面這種打算的人不在少數，中獎之後手中有錢了，不再因為金錢而產生壓力，工作也就沒了後顧之憂，可以輕鬆愉快地享受工作的樂趣。事實上，我們絕大多數人都沒有贏得千萬獎金的運氣，那難道就沒有辦法感受和享受工作樂趣了嗎？

　　當然不是。

　　就像上面富國銀行案例中那些員工所說的一樣，職場人對工作的熱愛可以來自很多方面，可以是對公司氛圍的熱愛，可以是公司內部友好的同僚關係，也可以來自人自身在完成工作時產生的成就感。金錢當然是工作的一部分，但金錢絕不是工作的全部目的。

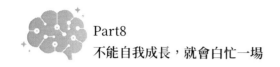

腦科學解讀：為了樂趣工作，為了快樂生活

在一些人看來，工作是為了生計，為了養家餬口，為了賺錢。也有心理學家發現，許多職場達人在面對「為什麼而工作？」的問題時，回答是因為工作有趣。這些職場達人從事不同的職業，工作內容也不相同，有的是負責處理公司行政事務，有的是貿易談判，有的從事創意研發，但他們的共同點是，都能從工作中找到一些樂趣。

難道這些職場達人就能做到視錢財為身外之物，不會因為金錢而感到備受壓力和緊迫感嗎？並不是這樣，他們只是把注意力聚焦在工作本身。企業組織是結果導向的，也就是注重結果和效益的，但如果職場人在工作狀態中太過於結果導向，和客戶商洽就是為了盡可能提高單價、為了簽約成功，承接專案就是為了績效上有所展現，交友就是為了資源互通，工作就是為了賺錢，就會容易在工作中因為目標感太強，尤其是因為錢而倍感壓力，過於結果導向就會過於在意結果，過於在意金錢得失。

若是每天戴著「為了賺錢而工作」的鐐銬，若是工作成為了不得已、不得不去完成的事，而不是自發想做的事，又怎麼能發現快樂、體驗樂趣。這種不快樂就會反過來影響工作效率和工作熱情，當你離升遷加薪越來越遠，又會更加在意金錢，陷入惡性循環。

管理學中的激勵機制包括了精神激勵、薪酬激勵、榮譽激勵等等，多年的管理心理學研究發現，薪酬激勵的重要性被高估了，也就是職場人在意收入、在意物質，但是越來越多的職場人更在意精神感受，例如是否適材適用、是否能得到足夠的尊重感、是否有被培養深造的機會、是否有破格提升的制度、企業文化是否注重人文關懷等等。

這也符合需求理論，物質比如錢，可以滿足生理需要和安全需要，大

把的鈔票可以買大房子買好車子，可以享用錦衣玉食，也就是，錢可以是情感、歸屬、尊重需要和自我實現需要的物質基礎，但錢無法買到情感，無法實現理想。

哈佛大學的教授研究發現，拚命工作的人常把是否達成目標當成衡量成就的標準，而不重視追求目標的過程，以致於他們無法享受所做的事。設定目標和自我實現、成就需求有關聯，但和快樂沒有直接關聯，過於結果導向就是過於注重目標，那些過於結果導向的人，總以為達到某個目標就能快樂，卻常常發現事與願違，目標實現了，期待中的快樂卻沒來。

也就是我們在工作狀態中更應該選擇過程導向，重視過程中的細節完成、效果呈現、完成品質，並且感受在這個過程中對個人能力的提升和經驗的累積，這些提升和累積能帶來真正的快樂體驗。追求能力提升、經驗累積，追求快樂，這才該是我們的終極目標。

來做一個關於快樂的實驗，從 1 到 5，來給快樂的程度打個分，1 是痛苦，毫無快樂可言，5 是非常幸福。

假設你的同事小吳去年買樂透中了一個大獎，贏了 2 億臺幣，你覺得小吳的快樂可以打到幾分？4？4.5 或 5？你還有個朋友老杜，去年遭遇了車禍，不幸癱瘓了，你覺得老杜的快樂程度又能打個幾分？2 還是 1？

這其實是美國學者菲利浦・布里克曼（Philip Brickman）在 1978 年做的一個實驗，他發現人的平均快樂指數是 3.8，實驗調查了 22 位在一年內因購買樂透而中獎的人，獎金金額從 5 萬到 100 萬美元，可這 22 個幸運兒的快樂程度與隨機抽取的人幾乎相同。實驗也調查了遭遇車禍並癱瘓的人，快樂程度也是 3 分左右。

發現了嗎？我們都會輕易高估中獎人的快樂，同時低估遭遇車禍的人的快樂，這是因為我們不知道，人對於外界刺激的反應會逐漸減弱，這是

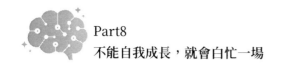
人的適應性，同時人常常會低估自己的適應能力，高估一些事情在一段時間之後對自己的影響。

無數的實驗研究告訴我們，快樂和金錢真的沒有太多的關係。

1988 年，霍華德金森是哥倫比亞大學的哲學系的博士生，他的畢業論文是《人的幸福感取決於什麼》，為了完成論文他設計了一個問卷，裡面有一題，是對自己幸福感的評分，選項如下：A 非常幸福；B 幸福；C 一般；D 痛苦；E 非常痛苦。兩個月後，發出的一萬份問卷，收回了 5,200 份。

而這其中，只有 121 個人感覺自己非常幸福，121 人中的 50 人是這座城市的成功人士，比如說是獲得了一定的專業資格，或是不錯的企業經營者，或是學業上有不錯的表現等等；另外的 71 個人，有普通的家庭主婦，有賣菜的農民，公司裡的小職員，有的還是領取救濟金的流浪漢。對比來說，這 71 個人職業生涯平凡黯淡，可他們為什麼會感覺非常幸福呢？霍華德金森在對他們進行訪談後，發現他們的幸福源自一個共通點，那就是都對物質沒有太多要求，甘於平淡，安貧樂道，能享受柴米油鹽的生活。

他因此得出兩個結論：如果你是有一定社會資源的人，就應該不斷努力去達到事業的成功，然後獲得幸福。而如果你沒有什麼資源，就應該修煉內心，減少欲望來獲得幸福。霍華德金森也因為這個結論順利畢業了。

21 年後，霍華德金森已經成為了知名學者，偶然翻出這個當年的研究報告後，他好奇這 121 個人的現狀，用了三個月的時間重新尋找並訪談。平凡黯淡的 71 人中有 2 位已經去世，剩餘的 69 個人中，有的經過努力成為了所謂的成功人士，有的還是一直過著平凡日子，也有的人由於疾病和意外生活拮据，但是這 69 個人依然感覺自己非常幸福。再來看那 50 位當時的成功者，其中只有 9 人因為事業順遂依然堅持「非常幸福」的選擇，23 個人覺得自己「幸福感程度一般」，16 個人因為事業受挫破產或降職選

擇了痛苦，另外還有兩個人是選擇了「非常痛苦」。

兩週後，霍華德金森在華盛頓郵報上發表了科普文章〈破解幸福的密碼〉，他說「20 多年前，我太過年輕，誤解了幸福的真正內涵，還把這種不正確的幸福觀傳達給了許多人，為此我真誠地向大家致歉，向幸福致歉。」

對於幸福，他說，靠物質支撐的幸福感都不能持久，都會隨著物質的離去而離去。只有心靈的淡定寧靜，繼而產生的身心愉悅，才是幸福的真正泉源。

腦科學的心理調節法！高效溝通與人性洞察的力量：

提高情商 × 控制情緒 × 應對衝突，情感與理性相融合，用腦科學角度理解職場情緒

作　　者：薛琦

發 行 人：黃振庭

出 版 者：崧燁文化事業有限公司

發 行 者：崧燁文化事業有限公司

E-mail：sonbookservice@gmail.com

粉 絲 頁：https://www.facebook.com/sonbookss/

網　　址：https://sonbook.net/

地　　址：台北市中正區重慶南路一段六十一號八樓 815 室

Rm. 815, 8F., No.61, Sec. 1, Chongqing S. Rd., Zhongzheng Dist., Taipei City 100, Taiwan

電　　話：(02)2370-3310

傳　　真：(02)2388-1990

印　　刷：京峯數位服務有限公司

律師顧問：廣華律師事務所 張珮琦律師

-版權聲明-

定　　價：375 元

發行日期：2024 年 02 月第一版

◎本書以 POD 印製

Design Assets from Freepik.com

國家圖書館出版品預行編目資料

腦科學的心理調節法！高效溝通與人性洞察的力量：提高情商 × 控制情緒 × 應對衝突，情感與理性相融合，用腦科學角度理解職場情緒 / 薛琦 著 . -- 第一版 . -- 臺北市：崧燁文化事業有限公司 , 2024.02

面；　公分

POD 版

ISBN 978-626-357-994-1(平裝)

1.CST: 職場成功法 2.CST: 自我實現 3.CST: 腦部

494.35　113000675

電子書購買

臉書

爽讀 APP